漫画で楽しむ

だからやめられない！
オカメインコ生活

The Life With Cockatiels

OKAME INKO LOVE!!

著★すずき莉萌
Marimo Suzuki

絵★大平いづみ
Izumi Ohira

イントロダクション

“だからやめられない! オカメインコ生活”ができるまで

月日が経つのは早いもので、たいへんご好評をいただいた前作、「だからやめられない! インコ生活」が発売されてから3年の月日が流れました。

今回は、コンパニオンバードの中でも人気が高く、飼ってみたい鳥としても注目度の高いオカメインコが主役です。

他の飼鳥に比べ、おっとりとした中にも、どこかぬけた印象のあるオカメインコたちですが、大好きな飼い主さんに対する愛情表現はとても豊かです。

この本では、鳥類学の講師でもあり、人生の大半をオカメインコとともに暮らしてきた著者が、オカメインコとの生活の中で得た発見や驚き、そして知っておくと役に立つかもしれない(!?)オカメインコに関するウンチクなどを、飼い主の目線のみならず、オカメインコの目線も加え、楽しく紹介しています。

マンガの中で登場するオカメインコたちは、それぞれの特徴やカラーをデフォルメした、個性派キャラクターぞろいで、主人公として登場するOLのアイちゃんやそのファミリー、友人らも、どこにでもいそうなオカメ好きな人たちです。

Introduction

The Life With Cockatiels

オカメインコを飼ったことがない方をはじめ、オカメ一筋のベテラン飼い主さんにも、笑いあり、涙あり、さらに飼育知識も身につく、一冊で二度、三度おいしい本を目指しました。

この分厚い255ページの中には、オカメインコとの生活でヒントになるエッセンスがぎっしり詰まっています。

この本を通じて、みなさんのオカメインコとの暮らしが、もっと豊かに、もっと楽しいものとなりますように。

すずき莉萌

“オカメインコは遊ぶことも大好き。
気になるおもちゃを前に、飼い主さんを遊びに誘います。”

“オカメインコにとって羽繕いは大切な日課のひとつ。
お気に入りの窓辺で、きれいに羽を整えます。”

“巣立ちが近いオカメインコの中雛。
外の世界に興味津々です。”

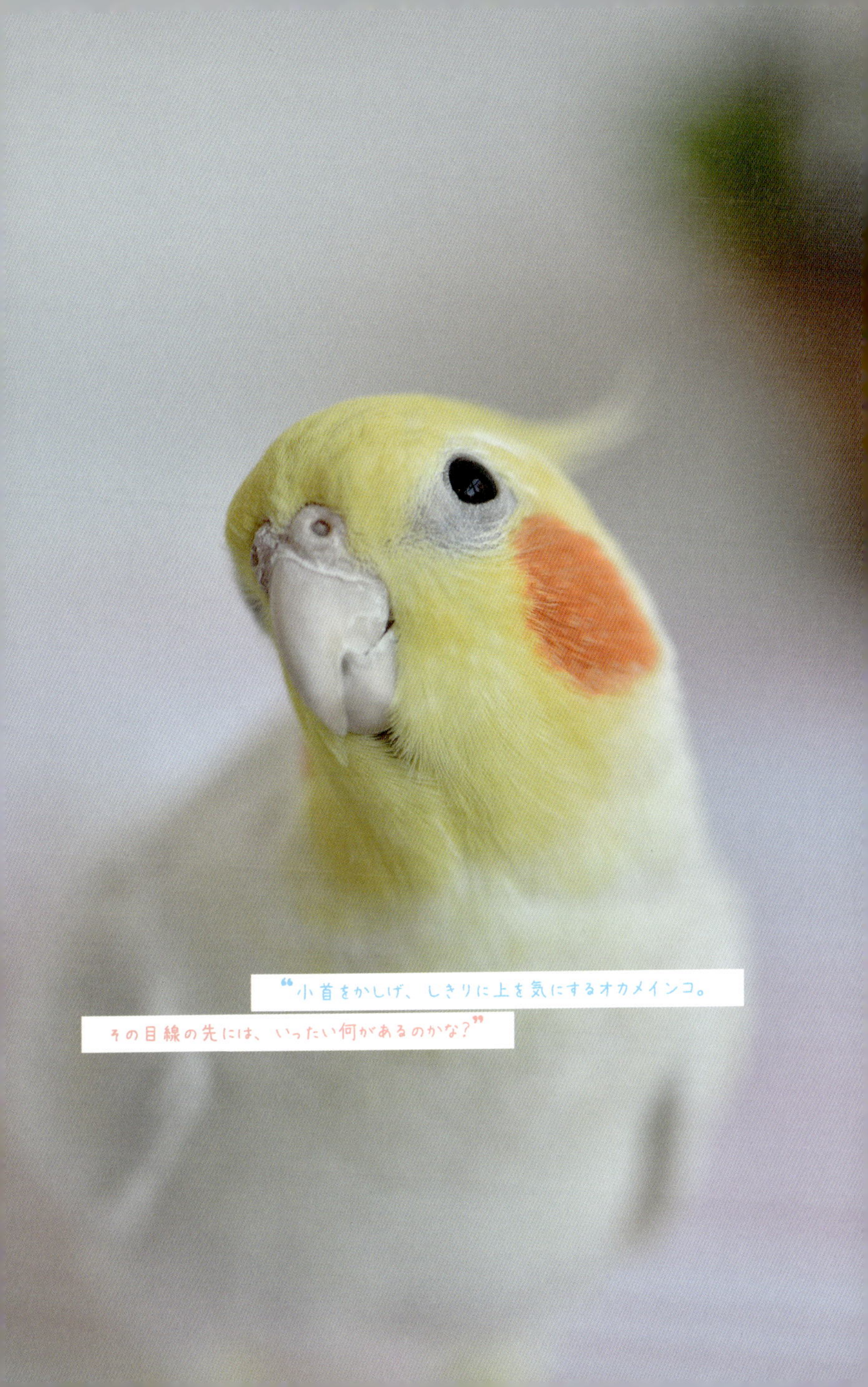

“小首をかしげ、しきりに上を気にするオカメインコ。
その目線の先には、いったい何があるのかな？”

“鏡よ鏡、鏡さん。
世界でいちばん美しいオカメインコはだれかしら？”

“巣上げしたばかりの生後3週齢のヒナ。
たくさん食べて早く大きくなあれ”

“オカメインコは美味しいものに目がありません。
愛情いっぱいのママの家庭菜園で、至福のひと時。”

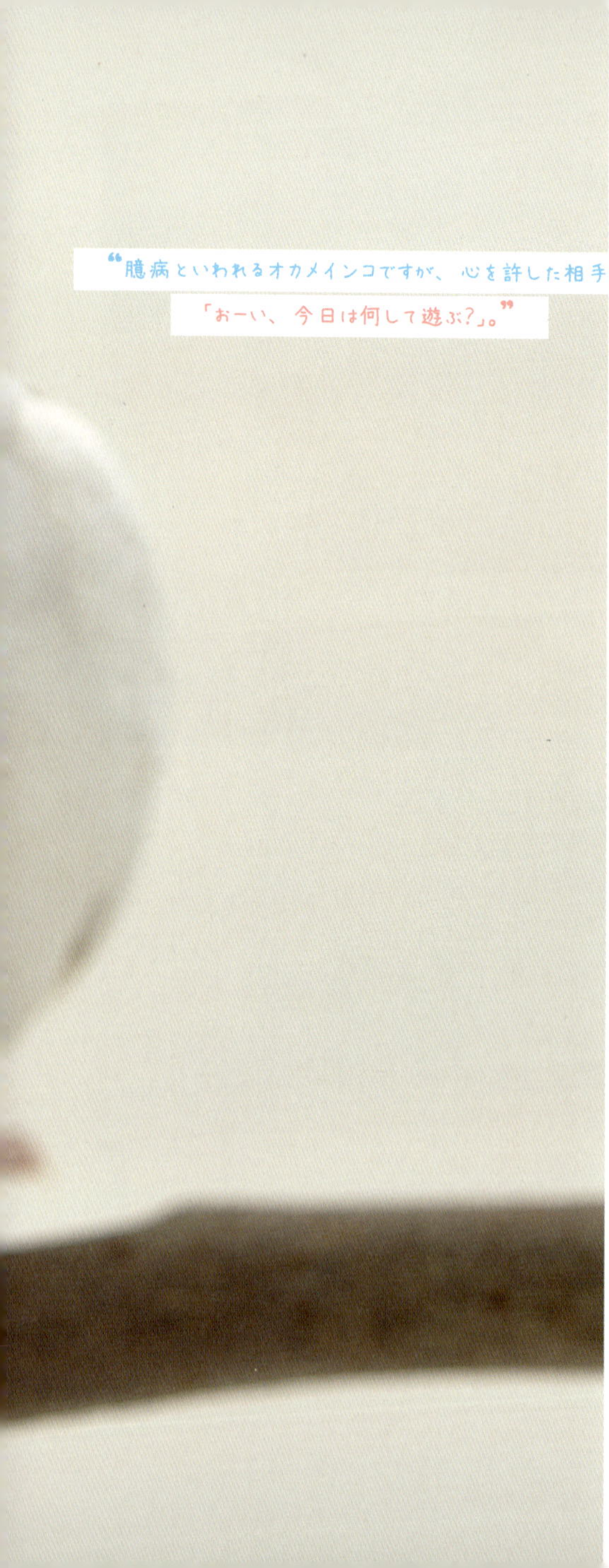

“臆病といわれるオカメインコですが、心を許した相手に対しては、とってもフレンドリー。
「おーい、今日は何して遊ぶ?」。”

“頭頂部にある冠羽は、そのときの感情の変化を表します。
ピンと立った冠羽はハートがドキドキしているサイン。”

“ほっぺのオカメ模様が消えたホワイトフェイス。
ノーブルな雰囲気がオトナの女性に人気です。”

“お楽しみの放鳥タイム。
少し離れたところにいても、飼い主さんの様子をチェックしています。”

“羽毛の状態は健康のバロメーターのひとつ。
手入れの行き届いた羽毛から、体調の良さが伝わってくるよう。”

読者写真館

Cockatiels PHOTO BOOK

パパ、キレイに
撮ってね

こんなにお口が大きく
開きました

なんで傾いちゃう
のかな？
……。

おしゃれして
お花見に GO

後ろに立って
もらったけど、
やっぱり君は
大きいね

やめられない、
止まらない♪

お庭でパチリ

早く大きくなぁれ

おしゃれは
やせ我慢……っと

さあ、わたしの背中に
お乗りなさいな

そーっとね

サンタが街に
やってきた！

何か御用でも？

ココまで
おいで♪

優雅に
お手入れ

全員集合

いっしょが落ちつくね

さあ、
ご覧あそばせ！

お花から
パクリ！

PHOTO-MANGA

『食後の楽しみ』

Shokugo no tanoshimi

PHOTO MANGA

『食後の楽しみ』

Shokugo no tanoshimi

PHOTO MANGA

『気を引きたかった』

Ki wo hikitakatta

PHOTO×MANGA

『気を引きたかった』

Ki wo hikitakatta

PHOTO MANGA

『ママはいずこ』

Mama ha izuko

1
どこにいるの、ママ〜
あたち、ママ探してるの

2
会いたかったわ、ママ
まんまちょーだい!!
俺、オトコだし、まだ独身だし・・・

PHOTO★MANGA

『ママはいずこ』

Mama ha izuko

3
じゃあアタイはこの先どうやって生きていけばいいのさ！
ちょちょちょちょ、ちょっと待ってて！
4
ほらママ連れてきたよ
・・・・・・・・
てか、ただのぬいぐるみじゃん、それ

登場キャラクター紹介

Characters FILE
＊アイちゃんの彼氏＊

ユウくん

Yu kun

男性／22歳

大学生

鳥好きなのに、アイちゃんの鳥たちにとって永遠の恋敵。大型のかっこいいオウムを飼うのが夢。

Characters FILE
＊主人公＊

アイちゃん

Ai chan

女性／23歳

ＯＬ

オカメ大好きOL。趣味はインコおもちゃの手作り。週末の楽しみはペットショップ巡り。

Characters FILE
＊アイちゃんの父親＊

パパ

Papa

男性／55歳

会社員

アイちゃんのオカメに興味津々。だけど、昭和の知識で無茶をするので鳥たちの間では要注意人物。

Characters FILE
＊アイちゃんの友だち＊

タマちゃん

Tama chan

女性／23歳

フリーター

面倒見がよく優しいアイちゃんの鳥友。趣味はインコグッズを集めること。

Characters

The Life With Cockatiels

Characters FILE

ひよ

Hiyo

ルチノー／♂／1歳

短気ですぐにふてくされる面倒な性格。でも、その姿がかわいいので誰も本気で相手にしてくれないのが悩み。

Characters FILE

ルビー

Ruby

アルビノ／♀／3歳

高貴な雰囲気でおしゃれにも敏感なナルシスト。趣味は水浴び。暗闇はニガテ。

Characters FILE

カメ

Kame

ノーマル／♂／4歳

ひとなつこくて甘えん坊。後ろをついて歩くのが好き。臆病で怖いモノに敏感。

Characters FILE

さくら

Sakura

コザクラインコ／♀／3歳

プライドの高い女王様気質。縄張りの主張も激しく、立場的には他のオカメ達よりずっと上と思っている。

Characters FILE

たくお

Takuo

ホワイトフェイス／♂／6歳

物知りでオタク。頭頂部の冠羽は特殊なアンテナ機能があり、最新情報をいち早くキャッチする情報通。

Characters FILE

きなこ

Kinako

シナモンパール／♀／8歳

見ているだけでキュンキュンする妹顔が武器。自分のかわいさを自覚し、仮面を使い分ける自称「勝ち組」。

Exposé au

Contents

The Life With Cockatiels

Introduction

第1章 オカメインコとのハッピーな暮らし

第2章 オカメインコのお世話

COLUMN

Hello! Mommy♪

オモチャ大事!
子
耐震力!!
ガシガシ
父
スキマよし!
母

Contents

The Life With Cockatiels

第5章 理想の食餌

第6章 コミュニケーション

第7章 オカメインコと遊ぶ

第8章 トラブルQ&A

Contents
The Life With Cockatiels

第9章 健康と病気

COMICS

Special Thanks

第1章

オカメインコとのハッピーな暮らし

Okame inko tono happy na kurashi

オカメインコってこんな鳥

オカメインコのふるさと

オカメインコはオーストラリアの内陸部(アウトバック)に広く生息しています。

シドニーやゴールドコースト、ケアンズなど、オーストラリアで有名な観光地の大半は沿岸部にあります。

そのため、わたしたちがオーストラリアを観光で訪れても、野生のオカメインコに出会えるという幸運は、残念ながらほとんどないといってよいでしょう。

住む人もいない、どこまでも続く赤茶けた広大な砂漠地帯の中、野生のオカメインコたちはエサ場と水場を求め、群れの仲間とともに大空を飛び回っています。

飼育下ではおっとりとした印象のオカメインコですが、スピード感のある飛翔は現地の人たちに「オーストラリア最速の鳥」とも呼ばれるほどです。

また、野生のオカメインコの行動範囲はたいへん広い上、乾燥地帯の中、雨が降り、潤った場所を目指して、ひたすら移動を繰り返しています。

行動パターンが一定ではなく、内陸部にあってもオカメインコの居場所を特定することが難しいことなどから放浪型と鳥と考えられています。

オカメインコと同じオーストラリアのアウトバックに暮らすコンパニオンバードの仲間には、セキセイインコやキンカチョウなどがいます。

オカメインコはインコ？ オウム？

オカメインコの名前の由来をご存じでしょうか。

オカメインコはノーマル種のトレードマークである頬のオレンジ色のチークパッチをおかめの面になぞらえ、「オカメインコ」と命名されました。

このチークパッチの羽毛は耳羽《じう》で、この日の丸のような丸い模様の奥に耳孔《じこう》があります。

また、オカメインコという和名ではありますが、分類学上ではれっきとした「オウムの仲間」で、オカメインコは世界最小のオウムということになります。

ちなみに、オウムとインコの違いは、冠羽（頭頂部にある飾り羽）の有無や、色合いによって見分けます。

オウム科の仲間のほうが、カラフルなインコに比べて、色数も少なく落ち着いた印象の色合いであるといえるでしょう。

サイズはセキセイインコやコザクラインコなどに比べるとからだも大きく、中型インコとして扱われることも多いようですが、本来、オカメインコはセキセイインコやコザクラインコと同じ小型種に分類されています。

ただ、オカメインコは小型種に分類されているわりには尾羽が30～35㎝ととても長い鳥です。ケージの中で美しい尾羽が折れてしまうことのないよう、ケージは高さと奥行きが充分にあるものを用意しましょう。

淡くやさしい色合いが人気の秘訣

オカメインコの原種はグレー色のボディに頬にオレンジ色のチークパッチを有しています。この野鳥として存在する原種のオカメインコのことを、ノーマル種や並オカメインコと呼びます。

ノーマル種はオカメインコをはじめて飼育する方や、飼育にまだ自信のない方、できるだけ丈夫なオカメインコをお迎えしたい方におすすめの品種です。

ノーマル種のオスは頭部が鮮やかな黄色でチークパッチのオレンジ色も華やかです。尾羽の裏側は濃いグレー色をしています。

一方、ノーマル種のメスはオスにあるような頭部の鮮やかな黄色はなく、チークパッチのオレンジ色も地味め。尾羽と風切り羽の裏にクリーム色の縞模様があります。

オカメインコの幼鳥にはメスとほぼ同じ特徴があるため、ヒナのうちに雌雄を見分けることは困難です。

ノーマル種のほかに、クリーム色が美しいルチノー種もオカメインコの代表的な品種として根強い人気があります。

セキセイインコなど他のインコのルチノー種に比べると黄色味がやや薄いことから、オカメインコのルチノーは、「白オカメ」と呼ばれることもあります。

全身が白で目が赤い品種はアルビノ、全身が白で目が黒い品種はホワイトフェイスクリアパイドといって、白オカメとは似て非なる品種です。

ほかにも淡い色合いのシナモン、華やかな斑点模様のパール、チークパッチの色味が淡いイエローフェイスやパステルフェイス、チークパッチの色がないホワイトフェイス、部分的に色抜けがあるパイドなど、オカメインコ愛好家たちの手によって、今なおたくさんの新しい品種が作出されています。

派手過ぎることのない繊細な羽色は、オカメインコならではのもの。淡い色を好む日本人好みの色といえるでしょう。

4コマ
オカメインコ漫画!
"Donguri no seikurabe"

『どんぐりの背くらべ』

おっとり穏やかな性格

オカメインコは古くから女性たちの間でたいへん人気があります。

なかでも30代以上のオトナの女性に人気があるようです。

オトナの女性を惹きつけてやまない魅力のひとつに、淡い羽色と並び、オカメインコならではの、ほっこりとした穏やかな性質というものがあります。

オカメインコたちは争いごとを好みません。

不快に感じるようなことがあれば、はっきり「イヤ」、という意思表示ができる鳥ではありますが、オカメインコの側からむやみに攻撃をしかけてくるようなことは、ほとんどありません。

（※もし、頻繁にそういうことがあるとしたら、オカメインコ自身や飼育環境などに何か問題が起こっているのかもしれません。飼育方法を一から見直すべきです。）

オカメインコをコザクラインコやボタンインコ、気の強いセキセイインコや文鳥と同じケージで飼育すると、からだは大きいものの、ときにはオカメインコのほうがそれらの小鳥にいじめられてしまうことさえあるほどなのです。

その一方で、オカメインコ同士は互いを受け入れやすいようで、一羽飼いのつもりがもう一羽、そしてさらにもう一羽……、と、お迎えしてしまう飼い主さんも多いようです。

穏やかな性質と同時に、たいへん臆病でナイーブな一面も持ち合わせているのがオカメインコです。

音や光といった外からの刺激を受け、恐怖に陥ってしまうとケージの中でパニックを起こすことがあります。

飼い主さんは、我が家のオカメインコが生まれながらにして持っている、穏やかさや気立ての良さをずっと大切にできるような接し方を心がけましょう。

4コマ

オカメインコ漫画！

"Donkusaitte iwanaide"

『どんくさいって言わないで』

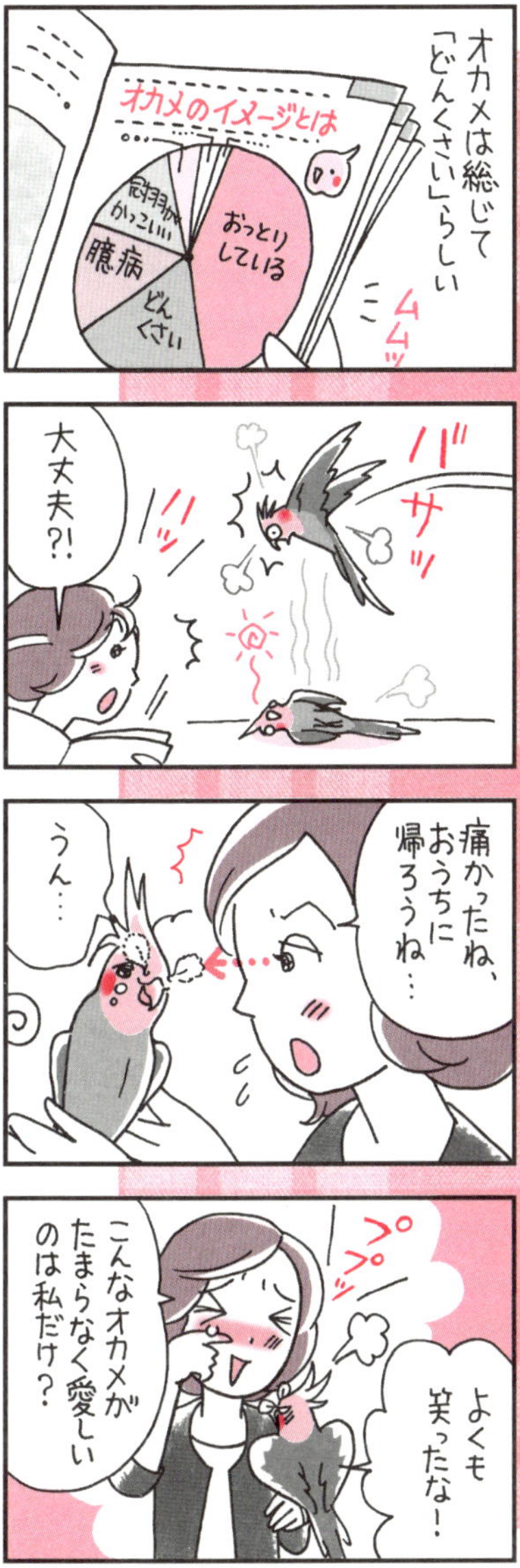

丈夫で飼いやすい

オカメインコはセキセイインコに並んで歴史のあるコンパニオンバードです。日本では大正時代から愛鳥家の間で飼育され続けてきました。

オカメインコが飼鳥として日本に定着した理由のひとつに、気候に順化しやすく、丈夫で飼いやすい点が挙げられます。

野生のオカメインコが過酷な砂漠地帯に適応していることからもわかるように、成鳥のオカメインコは日本特有の蒸し暑さや底冷えする厳しい寒さにも、ある程度までは耐えることができます。

野生下ではいろいろなものを食べているようですが、主にイネ科の草の種を主食としています。オカメインコはもともと粗食に耐える鳥であるといえるでしょう。

市場で流通しているオカメインコは、現在、国内でブリードされた個体がほとんどですから、日本の気候に慣れていて、珍しい輸入鳥とは異なり、管理しづらい食事を用意する必要もありません。

ただ、そうはいっても、はじめての冬を乗り切り、生後1年が経つまでは、ほかのインコやオウム同様、赤ちゃんのような、とてもか弱い存在です。

恒温動物ではありますが、羽が生えそろって巣立ちを迎える頃までのオカメインコのヒナは、周囲の飼育環境に体温が大きく左右されてしまいがちです。

そんなことからも生後1年までのオカメインコは飼育環境を巣立ち後も25℃を目安に保ちたいところです。

しかし、そのはじめの1年間さえ乗り切ってしまえば、オカメインコの飼育は飼育初心者であったとしても、そう難しいものではなくなります。

飼育書等に一通り目を通し、まずは正しい飼養管理を身に着けてから、あせらずじっくりとオカメインコとの友情を育みましょう。

4コマ

オカメインコ漫画！

"Nagaiki no hiketsu"

『長生きの秘訣』

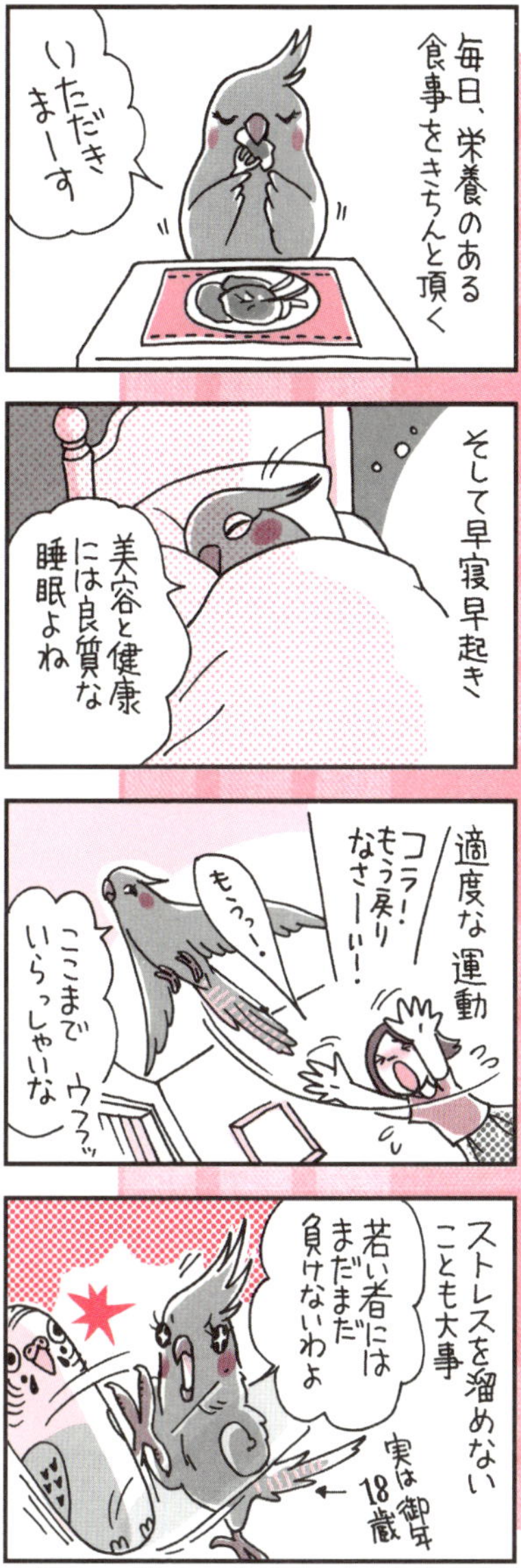
毎日、栄養のある食事をきちんと頂く
いただきまーす
そして早寝早起き
美容と健康には良質な睡眠よね
適度な運動
コラ！もう戻りなさーい！！
もぉぉ～！
ここまでいらっしゃいな
ウフフッ
ストレスを溜めないことも大事
若い者にはまだまだ負けないわよ
実は御年18歳

クセになるにおい

インコやオウムには、飼う人を幸せにする魅惑の体臭があるというのは、愛鳥家の間ではすでに一般常識になりつつあります。インコのにおいをモチーフにしたアイスや香水が販売されたことも、記憶に新しいところではないでしょうか。

オカメインコも後頭部から背中にかけてそっと鼻を近づけてみると、たしかに興味深い、独特の芳香が感じられます。

実はこの体臭、なかなか奥が深いもので、同じオカメでも、ライフステージや食べ物の好み、水浴びの頻度などによって、少しずつ異なるようです。

さらに、飼育経験の有無やそのときの体調によって、嗅いだ側のにおいの感じ方も千差万別です。

焼きたてのポップコーンや芳ばしいナッツに、ドライフルーツ、ちょっぴり汗ばんだ赤ちゃんの後頭部の匂い、と肯定的にたとえる人もいれば、生乾きの雑巾や蒸れた足の裏、果ては動物園のゾウ舎の臭いと、やや否定気味にたとえる人までさまざまです。

このフシギなにおいの元になっているものは、一体なんなのでしょうか。

それは主にインコが食べたもののにおいや飼育環境のにおい、尾脂腺から出る脂（インコオイル）のにおいが複雑に入り混じったものではないかとも考えられています。

たとえば、オカメインコのヒナからお日様にあてた干し草のような香りがするのは、ワラで編んだフゴの中で育てられていたりするから、ということです。

でも、それだけの単純な理由ではとても語りつくすことのできない、オカメのかぐわしき体臭の正体とは一体!?

そう、わたしたちは愛鳥家。大好きなインコのにおいというただそれだけで、やみつきになるほど幸せなよい香りに感じられるのではないでしょうか。

4コマ

オカメインコ漫画!

"Kanjikata ha hitosorezore"

『感じ方は人それぞれ』

臆病なことは悪いこと?

オカメインコは好奇心が旺盛ですが、インコの中では臆病なところがあるようです。

実際、飼っていると、納得せざるを得ないようなシーンに何度も出くわします。

たとえば、何か目に障るもの、気に入らないものがあると、あからさまに避けて寄ってこないということがあります。

あるオカメインコは、飼い主さんが着ていたTシャツの模様に恐怖を感じたようでした。そこに描かれた蝶が怖かったようです。蝶の模様が自分を付け狙う謎の目玉のようにでも見えたのでしょうか。

また、あるオカメインコは、リビングのテーブルに置かれた日本のアニメキャラで有名な黄色いネズミのフィギュアが受け入れ難いようでした。

いつも心待ちにしているはずの放鳥タイムに、ケージからまったく出てこようとしなかったのです。

新たにケージに設置したロープ製のパーチや、ソファに何気なく置かれた飼い主さんのベルトに恐怖心をあおられたオカメインコもいました。それらのカラフルな縞模様が、毒ヘビにでも見えたのかもしれません。

このように、何がオカメインコにとっての地雷となるか想像つかないこともあります。

ただ、それもこれも怪しい物(者)から身を守ろうとするオカメ自身の防衛本能によるものですから、怖がっていることに気づいたら、さっさと片づけてオカメインコを安心させてあげましょう。

自分の存在を脅かす何かがなくなれば、再びいきいきと活動し始めることでしょう。

4コマ
オカメインコ漫画！
"Bikkuri na ketsumatsu"

『びっくりな結末』

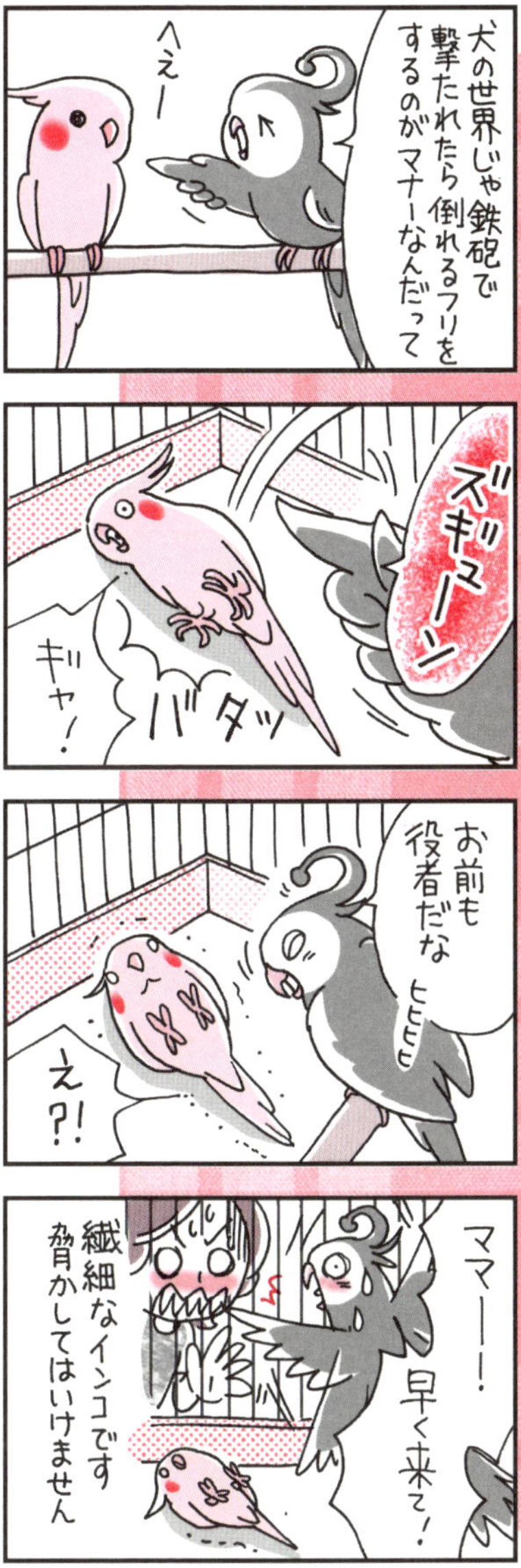

スキンシップにも積極的

よく馴れたオカメインコは、ヒトとコミュニケーションをとることに積極的で、スキンシップも大好きです。

掻いて欲しい気分のときには、首を器用にくるりと回してカキカキを催促します。

スキンシップはオカメインコとヒトの心が通い合う至福のときではありますが、オカメに求められるがままに放鳥し、求められるがままにカキカキをしてあげてしまうと、かわいい愛鳥がわがままオカメに育ってしまう恐れもあります。かわいいからといって、彼らのまったくの言いなりになってしまうのも考えものです。

また、むやみやたらなボディタッチはオカメインコの過剰な発情を促してしまいます。あくまでカキカキは耳の孔のあたりだけに留めましょう。

それだけではありません。愛鳥に対して毎日、同じ時間に同じようにカキカキをしてしまうのもあまり良くないようです。というのも、オカメインコの側も、はじめは嬉しいはずですが、それが当たり前のことのようになってしまうと、カキカキをしてもらえないことに強いストレスを覚えるようになってしまうからです。

うまくいっているうちはいいのですが、飼い主さんの急用などで、スキンシップの時間が大幅にずれたり、なかったりしたらどうでしょうか。

ケージの中でそれを楽しみに待っていたオカメインコにとっては辛いことかもしれません。飼い主さんから約束を破られたと受け止め、ストレスの引き金になってしまうこともあります。

そんなことからも、たとえ相手が鳥だろうと、守れない約束ははじめからしないに限ります。濃厚なスキンシップはほどほどにし、飼い主が不在の時間もイライラすることなく過ごすことができる、おおらかなオカメインコに育てましょう。

4コマ

オカメインコ漫画！

"kaite kaite"

『かいてかいて〜』

物まねもできるコも

物まねを教えることは、オカメインコを飼う醍醐味のひとつです。

セキセイインコほどは器用ではないかもしれませんが、口笛やヒトの言葉など、ちょっとした物まねなら、オカメインコも覚えることがあります。

メスとオスを比べると、オスのほうが物まねのマスターに熱心なようです。

オカメインコのオスは、繁殖の相手として常にメスに選ばれる側の立場です。そこでオスはメスの鳴き声を自ら真似て、メスの機嫌をとる習性があるからです。

物まねができる理由には、インコ・オウム類の特徴的な分厚い舌と鳴管《めいかん》（鳥類の発声器官）に秘密があります。

その周囲の筋肉が他の鳥と比べて発達しているため、鳴き声の響きを自由に変えることができるのです。

物まねは、オカメインコと遊ぶ延長線上で教えると成功しやすくなります。

あまりに教育熱心になってしまうと、かわいいオカメインコにもイライラが募って噛みついたり逃げ出したりするようになってしまいますので、芸を教える上であせりは禁物です。

インコは大好きな飼い主さんともっとわかりあいたい、もっと仲良くなりたいという一心で、難しい物まねにも果敢にチャレンジし、なんとかマスターしようとします。

静まり返った夜ふけに、ケージの中からブツブツと物まねの練習を繰り返しているオカメインコの声が聞こえてくることがありませんか。

そんなオカメインコたちの涙ぐましい努力を認めて、物まねを無理強いするようなことは、絶対にやめましょう。

調子のはずれた口笛も、それはそれでかわいらしいものです。

オカメインコに物まねを教えることはいけないことではありませんが、中には一向に覚えないコもいます。物まねはあくまでコミュニケーションの一環として楽しみたいものです。

4コマ
オカメインコ漫画！
"Yattane!"

『ヤッタネ！』

長く暮らすほど愛しさは増すばかり

大きな声でジャージャージャーと、めいっぱいクチバシを開けて元気にエサをねだり、満腹になったとたん、安心してすやすやと眠りにつく……。オカメインコのヒナのかわいらしさは格別です。

ずっとこのままヒナのままでいてくれればいいのに……、そんな風に考えたことがある飼い主さんも多いのではないでしょうか。

しかし大丈夫、安心してください。

オカメインコが本当にかわいらしいのは、ヒナの時期に限ったことではありません。

オカメインコはいくつ歳を重ねても、姿も性格も愛らしいいままです。

それどころか、家族として一緒に暮らし、互いの絆が深まれば深まるほど、オカメインコは、わたしたちの生活や人生の一部となり、かけがえのない存在となります。

苦楽をともにしたオカメインコへの愛情は右肩上がりで増すばかりといっても過言ではないでしょう。

愛鳥を家族の一員として認め、孤立することのないよう、日々優しい気持ちで接しましょう。そんな飼い主さんや家族の姿から、オカメインコ自身もまた群れの一員としての自覚を持つようになり、毎日をいきいきと幸せに送ることができるものです。

やがてオカメインコも歳をとります。高

齢になってくると動きがだんだんとゆっくりとなり、若い頃のように部屋の中を飛び回ることはできなくなります。

握力は弱り、ときには止まり木や指から、あっけなく脚を滑らせるようなこともあります。

飼い主側としては心配のタネが増えるようにはなりますが、これもそう悲観することはありません。

野生下では生き残れなかったとしても、飼育下にあるオカメインコは、飼い主さんがちょっとした配慮やケアを行うだけで、その後も充実した生活を長く続けることができるからです。

高齢期に入ったら、極端な寒暖差がないよう、飼育環境の温度管理を怠らないこと。

そして、オカメインコにとって適切な食事と清潔な環境を用意すること。

たったそれだけのことで20年近くの寿命を全うすることができます。

さらに上手に飼えば、もっと長生きすることもあります。オカメインコの中には36歳まで生きた記録もあるくらいです。

かわいいオカメインコに長生きしてもらうためには、過度にストレスをかけないことが大切です。

たとえばヒトと接するのが大好きなオカメインコもいれば、特定の人物以外に触れられることを極端に怖がるオカメもいます。

オカメインコにも一羽一羽、個性があり、苦手と感じるものは異なるようです。日頃から愛鳥をよく観察して、心もからだも健やかに暮らせるよう心がけましょう。

第2章

オカメインコのお世話

Okame inko no osewa

お世話の時間もハッピータイムに

オカメインコは命あるいきものです。

野鳥とは異なり、カゴの中にいますから、毎日誰かに世話をしてもらえなければ生きていくことはできません。

でも、そのお世話は、慣れてさえしまえば、どれも簡単なことばかりです。

エサと水、ケージの敷紙を一日に一回、交換するだけなのですから。

どれも飼い主になってしまえば、ごく当たり前、日常の一コマにすぎませんが、ケージの中にいるオカメインコにとっては違います。

新しいエサと水、ケージの中はキレイになる上に、大好きな飼い主さんが毎朝やってくるのですから、血湧き肉躍る、朝の一大イベントでもあるわけです。

そんなオカメインコのためにも、毎日のお世話も楽しんでちょっとしたコミュニケーションの場にしましょう。

コンパニオンバードとして飼われているオカメインコは、一日の大半をケージの中で過ごしています。

新しいおもちゃも、オカメインコが一日じゅう夢中になれるほどの魅力は残念ながらありません。

大好きな飼い主さんの毎朝の来訪は、オカメインコにとって何よりの楽しみになっているはずです。それでなくても忙しい朝の時間帯に、愛鳥がケージの外に出たがって困るときもあるかもしれませんが、放鳥タイムのふれあいだけがインコとのコミュニケーションにあらず。

ケージ越しに朝のあいさつを交わし、たくさん話しかけてあげましょう。

オカメインコは主に仲間と鳴き声でコミュニケーションをとります。

飼い主さんからの優しい言葉かけは、心地よく彼らの耳に届いているはずです。

それが長い時間、ひとりぼっちで留守番するオカメインコにとって、心の糧にもなっているのではないでしょうか。

4コマ

オカメインコ漫画！

"Honjitsu no ninmu kanryou"

『本日の任務完了』

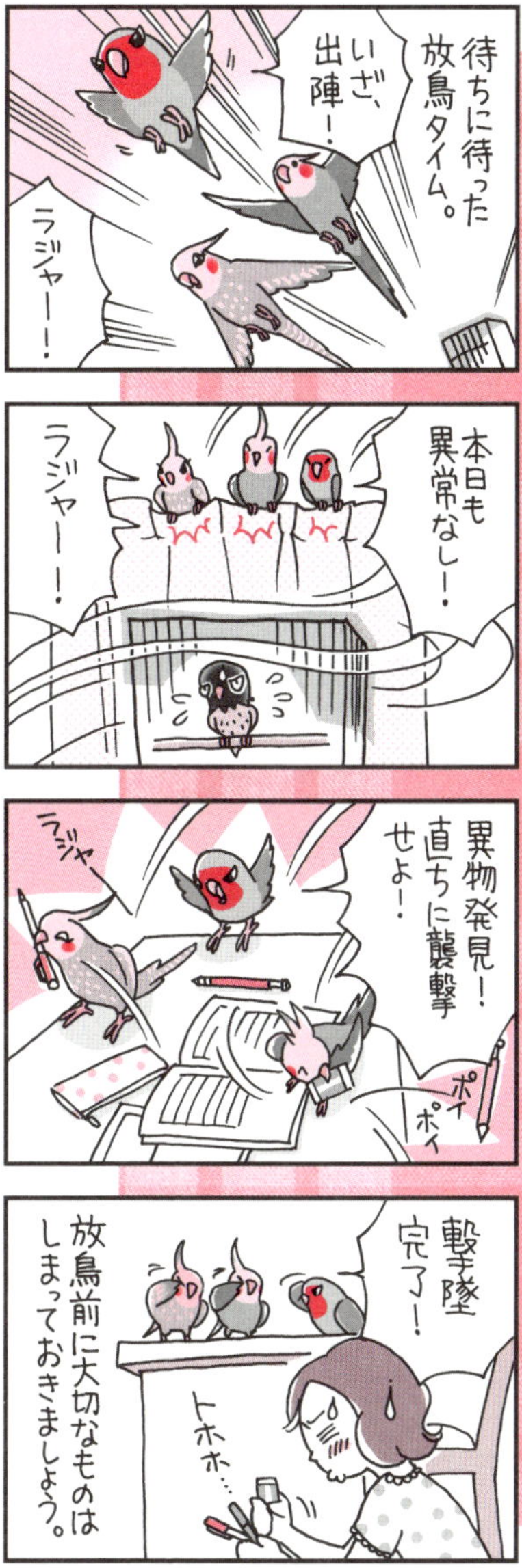

積み重ねが大切

積み重ねが大切

オカメインコを飼いはじめたばかりの頃は、ちやほやとなにかにつけて愛鳥をケージから出してかまいたくなるものですが、お互いに慣れてくると、飼い主さんの側にちょっとした倦怠期のようなものが訪れることがあります。

それでなくても仕事や学校でぐったりと疲れて家に帰ってきたところに、「遊んで！」とばかりに、激しい呼び鳴きを繰り返されたら、目に入れても痛くないはずのかわいい愛鳥とはいえ、ちょっと大変だな、と思ってしまうこともあるかもしれません。

だからといって、面倒だから、忙しいから、また今度……、と、飼い主さんが愛鳥とのふれあいを避けるようになってしまったらどうでしょうか。

オカメインコは繊細ないきものです。

急に遊んでくれなくなってしまった飼い主さんの気持ちや状況を理解できず、心を閉ざしてしまうこともあります。

信頼していた相手だからこそ、失望したときに受けるダメージも大きなものとなってしまうのです。

オカメインコの感じている孤独は、やがて絶望へと変わり、噛みつきや毛引きといった問題行動の原因になることもあります。

飼い主さんがオカメインコとの間に時間をかけて築き上げてきたものが失われてしまうこともときにはあるわけです。

そうなってしまってから関係を修復するのは容易なことではありません。

英会話の勉強と同じで、忙しくても少しでいいから毎日、関わることが大切です。

彼らと過ごす何気ない毎日の時間の積み重ねが、オカメインコにとって揺るぎない信頼へとつながっていることを、どうか忘れないでください。

4コマ
オカメインコ漫画！
"Happy time"
『ハッピータイム』

オカメインコにとっての快適環境とは

オカメインコにとって快適な環境温度は、わたしたち日本人が少し暑いと感じる25～30℃程度のようです。

オーストラリアの乾燥地帯がオカメインコの故郷ですから、湿度は低めなくらいが心地よいと思われます。湿度は50～60％程度に保ちたいところです。

飼育環境の湿度が60％以上になると、水や食べ残し、排泄物などにカビが生えやすくなって不衛生になりがちです。

除湿機などを用いて飼育環境の湿度がなるべく60％を上回るようなことのないよう、調整しましょう。

ケージの広さも肝心です。小型インコに分類されるとはいえ尾羽は長いので、尾羽がケージの中でぶつかって折れ曲がったり抜けたりしてしまうことのないよう、ケージには奥行きと高さが必要となります。

さらに、オカメインコにとって落ち着いて暮らすことができる環境も欠かせません。

物音や振動に過敏なまでに反応するのも、オカメインコの大きな特徴です。

ある鳥類専門病院では、巨大地震の際に病院に運ばれてきた鳥の中でも、オカメインコの受診が抜きんでて多かったそうです。

そうかといって、まったく生活音すらない、人の気配がない場所にケージを置くのもNGです。

孤独を嫌うオカメインコですから、人がいない静かすぎる環境も不安となり、リラックスして生活することができません。

適度に家族の生活が感じられるような場所がベストです。愛鳥が寂しすぎない程度に落ち着いた環境で飼育しましょう。

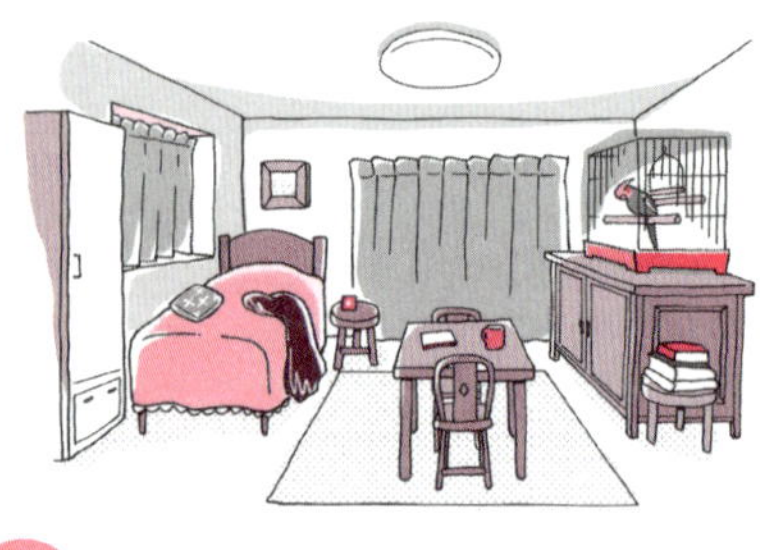

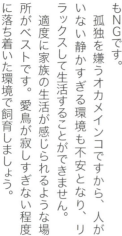

4コマ

オカメインコ漫画！

"Tokiniha shigekimo hoshiinodesu"

『ときには刺激も欲しいのです』

季節感、演出していますか？

コンパニオンバードとして家の中で暮らすオカメインコも季節のうつろいを敏感に感じながら生活をしているようです。

暑い日には水浴びで体温を調整し、寒い日には脂肪分が多めのエサを好み、皮下脂肪を蓄えようとします。

オカメインコを飼育する上で、理想の温度や湿度というものはたしかにありますが、だからといって、一年じゅう空調が完璧に調整されていて、温度や湿度が一定の部屋の中でずっと過ごすというのはどうでしょうか。

わたしたちヒトは空調管理の行き届いた環境のほうが過ごしやすく感じるものですが、それはあくまで頻繁に家の外に出る機会があってのこと。

わたしたちは、雪の降るような寒い日には暖房のぬくもりに癒され、太陽が照りつける真夏の暑い日にはエアコンで冷えた部屋がオアシスのように感じます。

その一方、家の中で過ごすオカメインコたちは、そもそも極寒や酷暑の中、外に出る機会はほとんどありません。

季節がわからなくなってしまうような徹底した温・湿度管理は考えものです。過保護な飼い方はオカメインコ自身の免疫力低下にもつながります。

お天気がよく風の気持ちいい日には、窓を網戸にしてオカメインコもケージごと日光浴してみる、季節の野草や旬の緑黄色野菜を新鮮なうちにおすそ分けするといった少しの気遣いで、オカメインコのＱＯＬ（生活の質）は大きく向上します。

また、室内での飼育は換気も重要です。

閉め切った室内は温・湿度管理はしやすいものの、カビやダニが発生しやすく、オカメインコだけでなくヒトの呼吸器にも影響を及ぼしかねません。

オカメインコが心身ともに健やかな生活を送るために、毎日の暮らしに少しの自然と季節感を取り入れましょう。

4コマ
オカメインコ漫画！
"Shikioriori no shiawase"

『四季折々のしあわせ』

エアコンがOKで扇風機がNGな理由

オカメインコのふるさとであるオーストラリア内陸部は、暑い日には36℃を超える真夏日が続くこともあるような場所です。

そんなことからも暑さにも強いイメージのあるオカメインコですが、地球温暖化やヒートアイランド現象による影響もあり、昨今の日本の夏の暑さは決して油断できないものとなりつつあります。

最近、わが国でも主流になりつつある高気密高断熱の住宅は、壁は厚く窓も複層ガラスとなっていて、夏場にはエアコンが欠かせない作りになってきています。

昭和の頃のような、冬は隙間風があるものの風通しのよい家であれば、鳥を留守番させることもそれほど心配ではありませんでした。

しかし、平成の今、人が不在のときに完全に窓や扉を閉め切った部屋の中にエアコンをかけないままの状態で、オカメインコを飼育するのは危険です。

34℃以上になるとオカメインコも熱中症に陥ることがあるからです。

ちなみに、扇風機の風は、オカメインコに涼をもたらしません。

わたしたちヒトの場合、夏場に汗をかいてからだの表面が濡れているところに風が当たると、水分が気化し、水蒸気になります。体表の水分が蒸発する際にからだの表面から熱を奪うため、扇風機の風が涼しいものに感じられるわけです。

オカメインコのからだは羽毛で覆われていて汗腺がありませんから扇風機の風に当たっても涼しいとは感じないのです。

なるべく冷房を入れずにオカメインコを飼育したいということであれば、ケージ内に日陰を作った上で、対格の窓を網戸にして風の通り道を作りましょう。こうすると空気が自然に循環するのでオカメインコもだいぶ過ごしやすくなるはずです。風のない日には冷房を入れるか保冷剤を周囲に置くなどして熱中症対策を忘れないようにしましょう。

4コマ
オカメインコ漫画！
"Atsuihi no sugoshikata"

『暑い日の過ごしかた』

オカメインコの故郷は、雨期になると38℃を超えることも。
今日はまた暑いね～
ハァ
ハァ
ハァ
ほんと暑っ
こんな日は木陰だね
日の傾きに合わせて移動もするよ
水辺もいいよね
行水サイコー
涼しい場所をよく知っているオカメたちでした。

我が家にあった保温器具の選びかた

オカメインコを飼うにあたり、冬場の保温は欠かせないものです。

欧米諸国では暖房システムで24時間、家の中は一定の暖かさが保たれていることも最近では多いようです。

だから外は一面の雪景色でも室内ではTシャツ一枚で快適に過ごせるのです。

それに比べ日本では一部の寒冷地を除いては使う部屋だけ暖められて、気軽に点けたり消したりできる暖房器具のほうが省エネで家計にも優しいため、まだ一般的です。

ふだんは室内暖房に加え、ペット用パネルヒーターの一枚もあれば済むことですが、頭を悩ませるのは、オカメインコを留守番させるときと夜間の暖房です。

健康な成鳥であれば、飼育環境の温度が20℃を大きく下回ることさえなければ特に問題はないのですが、幼鳥や病鳥・巣引き中は、冬場でも25℃～30℃の保温が必要になります。

電球型のヒーターは保温力が高いのですが、表面温度が高温になりがちでやけどに気を付けなくてはいけません。

輻射《ふくしゃ》式のペットヒーターはヒーターの前面だけが暖かくなるので、ケージの中を保温できるとは言い難いものですが、空気を汚さない上、やけどなどのリスクが低い点が魅力的です。

部屋全体を暖めるオイルヒーターは、風も出ず空気も汚しませんが、部屋が温まるまで時間がかかることと、電気代が高めになるところがネックです。

ペット用パネルヒーターは、表面温度が37℃程度でケージの中全体を暖めるパワーはありませんが、ヒナや病鳥の世話には便利です。熱源からの逃げ場として少し空間を開けて飼育ケースを置くようにします。

飼い主さんのライフスタイルと愛鳥の体調やライフステージ、飼育環境にあった暖房器具を選びましょう。

4コマ
オカメインコ漫画！
"Doushite fuyu ni tamago wo umuno?"

『どうして冬に卵を産むの？』

温度変化がからだに及ぼす影響

先のページで冬場の保温は欠かせないと書きましたが、オカメインコを飼育するうえで保温のしすぎというのも健康上の大きな問題になります。

たとえば、一年じゅう、ぽかぽかと春のような暖かさで、食べ物に事欠くこともなく、日照時間も長めともあれば、過剰な発情を引き起こしかねません。

メスであれば、発情ホルモンが持続的に分泌され、オスがいなくとも卵を産み続けてしまうことがあります。

そうなると、卵秘（卵詰まり）や低カルシウム血症のほか、さまざまな病気を引き起こす原因となります。性格も攻撃的となり、欲求不満から毛引きを始めるきっかけになることもあります。

メスだけではありません。オスの過剰な発情も問題を引き起こすことがあります。

メスを惹きつけるために嘔吐を繰り返し、体力的に消耗してしまう上、過剰に精巣がヒートし続けた結果、腫瘍の原因になることがあるからです。

保温のしすぎだけでなく、寒さも同様に問題を引き起こします。

ヒトにとって涼しいと感じるエアコンの温度は、オカメインコにとっては寒すぎることがほとんどです。

エアコンの寒さで体温を奪われてしまうと、たちまちオカメインコの免疫力も低下し、万病の元となります。

野生のインコたちは、自分の身や周囲に危険を感じたらすぐに快適な環境を求めて移動しますが、飼育下にあるオカメインコにはそれができません。

それらのことから、コンパニオンバードとして生きるオカメインコは環境の変化には弱いいきものといって過言ではないでしょう。

そこに生活するヒトの快・不快だけでなく、ルームメイトとしてともに暮らすオカメインコにも気遣いを忘れずにいたいものです。

4コマ

オカメインコ漫画！
"Ichimokuryouzen"

『一目瞭然』

部屋の安全対策は万全ですか？

オカメインコにとって、ヒトが暮らす家の中には、さまざまな危険がひそんでいます。

たとえばこんなことがありました。

あるチェストの上をケージの置き場にしていていたところインコが下痢をするようになったのです。

エサも替えた覚えはないし、飼育環境の温度や湿度も問題ナシ。

もしやと思い立ってチェストの中を掻きだしてみたところ、引出しの奥のほうから、開封された揮発性の衣類の防虫剤が大量に出てきたのです。

またあるときは、子どもが遊んだまま片づけていなかったビーズをオカメインコがくわえようとしていて、危うく誤飲事故につながるところでした。

そのビーズは、水に濡らすとビーズ同士で接着するという性質があり、万が一、子どもやインコが飲み込んでしまった場合、気官内の皮膚にくっついてしまう恐れがあり、外科的手術が必要になることもあるという、たいへん危険性の高いものでした。

また、オカメインコではなく野鳥のヒナでしたが、台風で巣から落ちていたところを手で拾い上げて連れて帰り、強制給餌をしようと思ったものの、その前に落鳥してしまいました。

このとき、庭いじりをしていて強めの虫よけスプレーを全身に撒いていたことを思い出しましたが後の祭りです……。

ほかにも身近なところでは、ケータイストラップやキーホルダーは重金属が使われていることがあり、インコの体内に入ると重い鉛中毒を引き起こします。洋服のスナップボタンやフック、プラスチックの着色料にも鉛が含まれていることがあります。

オカメインコにとって思わぬ危険は身近にあります。

後悔するようなことのないよう、室内や身の回りに危険な物はないかよくチェックしてから放鳥するようにしましょう。

4コマ

オカメインコ漫画！

"kiken na heya"

『キケンな部屋』

脱走・事故を防止するには？

オカメインコには翼がありますが、わたしたちにはありません。

思わぬタイミングで想定外の事故が起こることがあります。

隣の部屋のケージにいたはずのオカメインコが、カゴの入り口で遊んでいるうちに飛び出してきて、キッチンで調理中の鍋に飛び込んでしまうといった事故がありました。

調理といえば、フッ素樹脂加工したフライパンやホットプレート、電気ポット、オーブンレンジの受け皿は、適切に使えば便利なものではありますが、強火で使い続けたり、空焚きをしてしまうと、有毒なフッ素ガスを排出します。

換気が不充分なまま、飼い主さんがこれらの調理器具を使い続けた結果、今までたいへん多くの小鳥たちが命を失っています。

そういったものはヒトのからだにももちろん有害なので、コンパニオンバードのいる家では、これらの調理器具はなるべく使わないか、窓を開けて小鳥のいない部屋で使用するべきといえます。

ケージのチェックも怠ってはいけません。オカメインコは長寿命ですから、オカメより先にケージにガタがきてしまうということもよくあります。

少しの間だけ、と、窓を開けた出窓にケージごとインコを吊るしておいたところ、金属網と底のケースをつなぐ部分のプラスチック製のヒンジが劣化して底が落ちてしまい、驚いたインコが飛び出してしまったことがありました。

あるいは、放鳥中に隣のインコのケージに止まったところ、ケージの内側から他のインコに趾《あしゅび》を噛みちぎられてしまったという咬傷事故も耳にします。

どれも飼い主さんにとっては想定外な出来事ばかりだったはずです。

どれだけ注意しても注意しすぎることはないと肝に銘じて、事故を未然に防ぎましょう。

4コマ
オカメインコ漫画！
"Ashimoto nimo kiwotsukete"

『足元にも気をつけて』

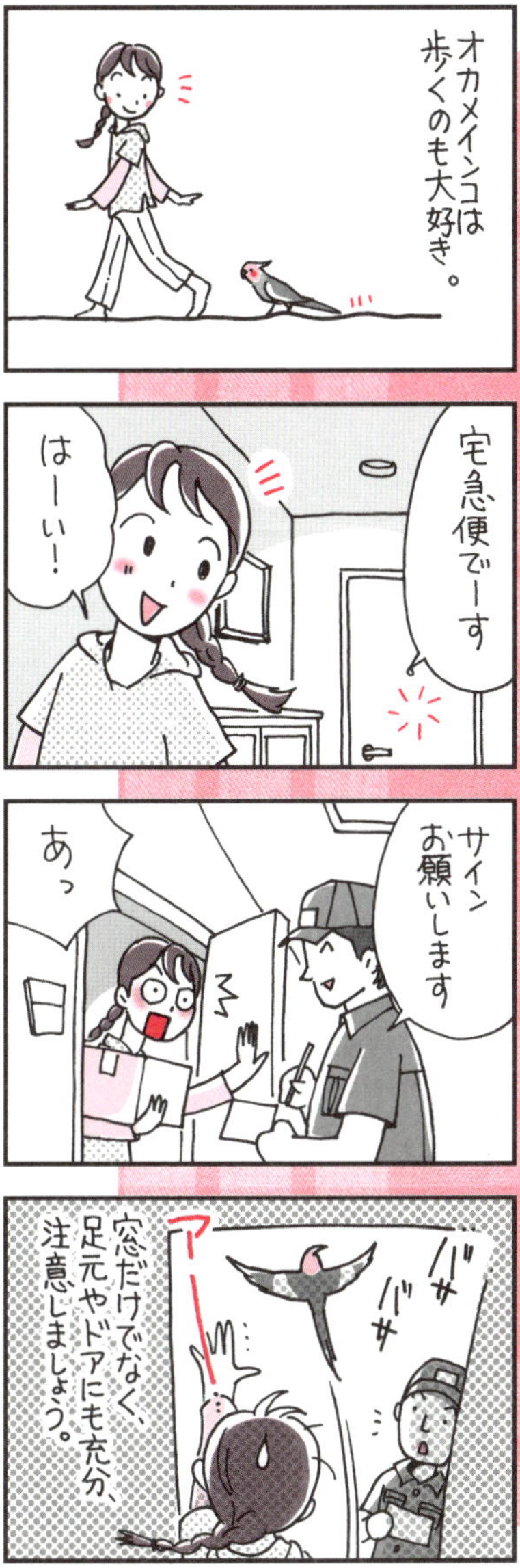
オカメインコは歩くのも大好き。
宅急便でーす
はーい！
サインお願いします
あっ
バサ
バサ
アーー
窓だけでなく、足元やドアにも充分、注意しましょう。

ふれあいの時間を持たないと問題児になってしまうことも

手乗り鳥にとって、きっとなによりも嬉しい飼い主さんと過ごす放鳥タイム。

オカメインコがケガや事故に遭わないよう、配慮することはもちろんですが、どうせなら愛鳥、飼い主双方ともに楽しく過ごしたいものです。

そうはいっても、平日は朝からバタバタと慌ただしく過ごし、休日は休日で用事がてんこもり。

忙しい飼い主さんがオカメインコに心ゆくまで放鳥タイムを満喫させてあげる時間をとるのは、このご時世、容易なことではないかもしれません。

それでも、手乗りオカメとの暮らしを豊かなものにする上で、飼い主さんとのふれあいの時間は、信頼関係を保つためにも欠かせないものといえるでしょう。

ケージの外に出たくてうずうずしている愛鳥をケージの外に出してあげられない罪悪感ときたら……。

激しい呼び鳴きの声に急き立てられ、まるでオカメインコから自分が責められているように感じてイライラしてしまうこともときにはあるでしょう。

オカメインコと一緒に過ごす時間を充分とれないままでいると、気持ちにすれ違いが生じてしまい、埋められない溝ができてしまうこともあります。

そのうちふれあわないことが多くなり、それがやがて当たり前になってきてしまうと、オカメインコの世話として最低限、エサと水だけ替えていればいいような気になってしまうものです。

そうなるとオカメインコの側も、どうあがいてもつれない飼い主さんに対して興味を失い、互いにコミュニケーションをとることが、だんだん難しくなってしまいます。

このように愛鳥にとって思うようにならないことが続くと、フラストレーション効果といって、攻撃行動が爆発しやすくなります。もしそのタイミングで飼い主側が愛鳥の期待に添う行動をとってしまったらどうでしょうか。

自信をもって攻撃行動を繰り返す「問題児」ができあがってしまうのです。

そんなことになってしまってから関係を修復するのは至難の業です。

そこでおすすめしたいのが、放鳥タイムを決めることです。

1回の放鳥時間はどんなに長くても20分まで。それ以上、放鳥したいときは、愛鳥をいったんケージに戻して、トイレや電話、メールなどの用事を済ませてから、ふたたび放鳥するという方法です。

ヒトが物事に集中できる時間はだいたい20分くらいまでといわれていますから、不注意からの事故を防止する上でも、時間を区切りましょう。

時間は20分より短くても、もちろんかまいません。飼い主さんと愛鳥が互いの絆を確認し合う時間が、たとえ短いものになってしまったとしても、一緒の時間をどのように過ごすかによって、充実したひとときにすることは可能です。

たとえ短時間でも、毎日、欠かすことなくふれあうこと。それはケージの中で暮らすオカメインコに対して、もっとも分かりやすい愛情の示しかたのひとつになるのではないでしょうか。

愛鳥をスムーズにケージへ戻すには

放鳥の時間は楽しいけれど、ケージの外に出してしまうと、その後なかなか愛鳥がケージに戻ってくれず、追いかけ回しているうちに時間がどんどん経ってしまうということはありませんか。

予定の時間を過ぎてスケジュールが変更になってしまうと、「こんなことならケージの外に出すのではなかった」と、軽く後悔したくなるその気持ち、飼い主さんならだれでも経験があることでしょう。

こんなことにならないためにも、愛鳥をスムーズにケージの中に戻すトレーニングを早いうちから行いましょう。

トレーニングといっても簡単なことです。

ケージに戻るときには、愛鳥が手に乗ったらおやつを一粒、そしてケージに入ったらまた一粒、と、たっぷりのお褒めのことばとともにごほうびを与えるだけです。

オカメインコにとってわかりやすく「良い行動」を教え、それを強化、習慣化するという方法です。

このとき、お気に入りのおやつがあるとたいへんスムーズです。「ケージに入ると良いことがある」、と愛鳥に覚えてもらいましょう。

そしてそれ以上に、ケージに戻った後が肝心であることも忘れてはいけません。

おとなしく戻ってくれたオカメインコに対して、ケージ越しにごほうびを与えつつ、「今日もおりこうだったね」、「また明日、一緒にたくさん遊ぼうね」、など、たくさん話しかけてください。

言葉は伝わらなくても、飼い主さんの一連の行動によって、オカメインコが嬉しい気持ちになれば、次の放鳥タイムには早めにケージに戻ってみようかという動機づけになるものです。

「ケージに戻ると嬉しいことが起こる」と、愛鳥に教えましょう。

4コマ

オカメインコ漫画！

"ouchi daisuki"

『おうちだいすき』

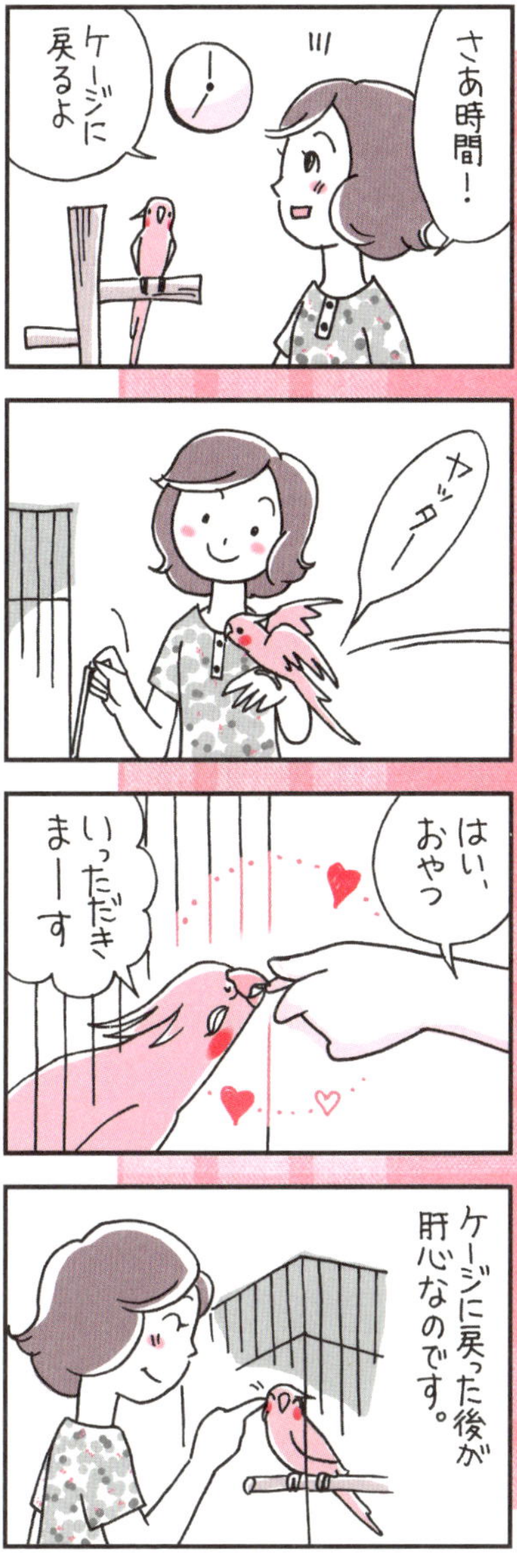

日光浴は大切

日光浴は飼鳥やヒトに不足しがちな栄養素を補う効果があることを知っていますか。

オカメインコもヒトも、日光の紫外線によってビタミンDを体内に生成します。

骨を強くするためにはカルシウムが欠かせませんが、そのカルシウムを有効にするためにはビタミンDが必要です。

ビタミンDの主な役割はカルシウムの働きを調整すること。

インコがカルシウムを食物から摂取しても、ビタミンDがなければカルシウムの吸収がうまくいかず、骨はもろくなり、卵の形成もうまくいかなくなってしまいます。

ビタミンDはサプリメント等で補うこともできますが、脂溶性ビタミンの一種です。ビタミンCなど水溶性のビタミンとは異なり、ヒトや愛鳥が過剰に摂取した場合、体外に排出されることがなく、高カルシウム血症や腎臓障害といった重い病気の原因になってしまうのです。

そんなことからもビタミンDは太陽の光を浴びて生成するのが安全で確実です。

日光浴の時間は、オカメインコの場合、毎日10～20分程度でOKです。その際ネコやヘビといった外敵の侵入を防ぐために窓は網戸にし、直射日光から身を守るため、ケージ内に日陰ができるようにしましょう。

最近はUVカット加工されたガラスが多いので、ガラス越しの日光浴では、ほとんど意味がないようです。

もし、飼育部屋に窓がない、あるいは留守の間、日光浴させられないということであれば、自然光に近いフルスペクトラムライトでも気軽に日光浴できます。

その場合、ケージから40～50㎝ほど離した場所に設置し、頭上から1～2時間ほど照射するとよいでしょう。

（※照射の距離や時間は取扱説明書で確認してください。）

4コマ

オカメインコ漫画!

"Self nikkouyoku"

『セルフ日光浴』

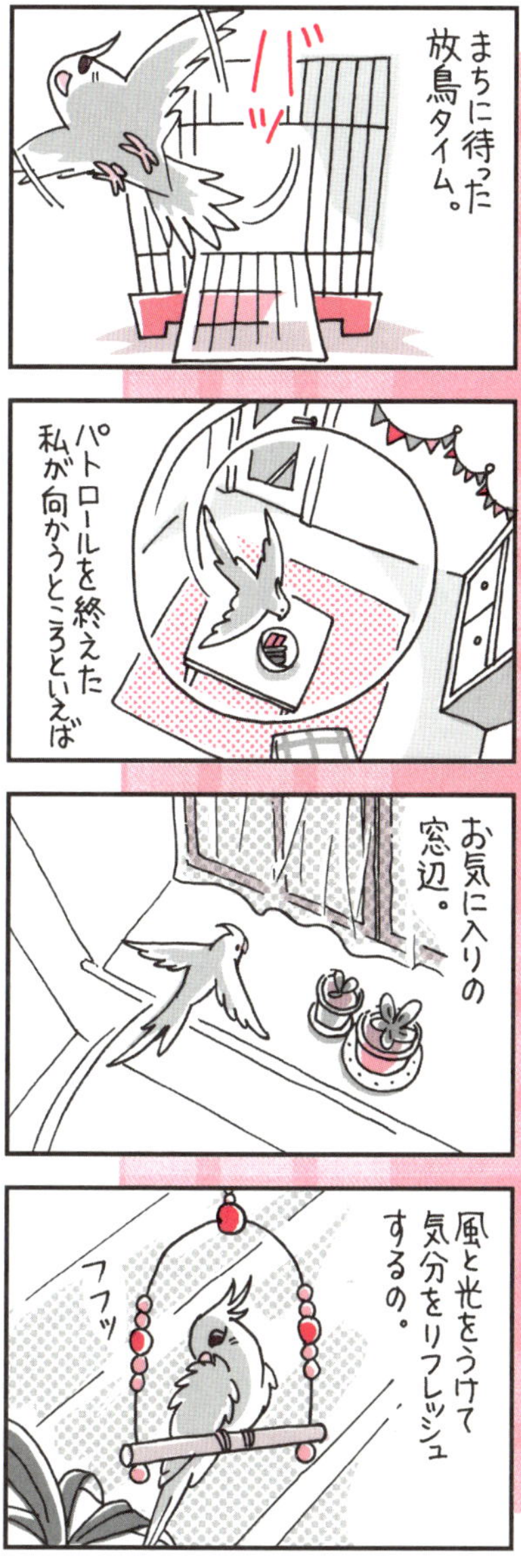
まちに待った放鳥タイム。
バッ
パトロールを終えた私が向かうところといえば
お気に入りの窓辺。
風と光をうけて気分をリフレッシュするの。
フフッ

オカメインコの睡眠

わたしたちヒトと同様に、オカメインコも健康なからだを維持するために質の高い眠りが欠かせません。

　といっても、鳥の場合、ぐっすり熟睡するというよりは、うつらうつらといった断続的な睡眠だけでも充分、疲労を回復することができるのだそうです。眠りにはレム睡眠とノンレム睡眠とがありますが、鳥類の場合はノンレム睡眠（筋肉の緊張が失われる睡眠）が少なく、レム睡眠（浅い眠りで脳は活発に活動している睡眠）が多いため、睡眠中、鳥が止まり木に止まっていても落ちたりしないのはそのためのようです。

　必要な睡眠時間は、野生のオカメインコを参考に考えてみましょう。

　彼らがねぐら入りしている時間は、季節にもよりますが、だいたい日の出から日の入りまで、およそ12時間程度。

　ただ、コンパニオンバードのオカメインコは、お昼寝をする時間もたっぷりありますから、12時間にこだわりすぎる必要はありません。

　気を付けたいのは、日照時間が長くなりすぎると、インコに過剰な発情を引き起こしやすいという点です。

　野生のオカメインコは日照時間の長い時期を選んで、繁殖行動を行うからです。

　ヒトの生活にオカメインコを完全に合わせてしまうと、明るい時間が長くなりすぎてしまいます。

　遅くても夜8時くらいまでにはケージ専用カバーや遮光性の高いカーテン生地などをケージにかぶせて、快適に眠ることができる環境を作りましょう。

4コマ
オカメインコ漫画／
"okameinko no nichijyou"

『オカメインコの日常』

Okame Inko
COLUMN

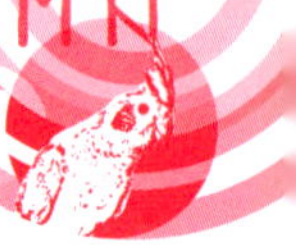

オカメインコと緊急避難するときの心得

治安の良さは世界一ともいわれる日本ですが、その一方で、世界屈指の災害大国であることでも有名な我が国。地震をはじめ、津波、台風、竜巻、大雪、土砂災害など、日本に住んでいる以上、避けて通ることはできない数々の災害に備え、オカメインコの災害対策について考えてみましょう。

●緊急時に必要なもの

★ケージ（またはキャリーケース）
★いつものエサ
★新聞紙
★使い捨てカイロ
★冷却剤

人命救助が一番とされる中、鳥のエサは災害時にはなかなか手に入らないかもしれません。

ふだんから少し余分に買い置きをしておくと、エサのことで慌てずに済みます。

イザというときはとっさにケージごと避難すると思いますが、その際には脱走防止としてケージの出入口をワイヤーや洗濯バサミなどで固定し、避難所で周囲の迷惑にならないよう、保温や目隠しもかねて、しばらくは新聞紙などでケージを覆い、ガムテープでとめておくようにします。

オカメインコのような繊細な鳥の場合、外の様子が見えていないほうが安心できるものです。

避難が長期化してエサが手に入らないときは、雑穀米があれば、当面、それで代用します。

それもなければ、乾パン等を砕いてエサの替わりにします。

乾パンすらなくて、配給のおむすびやパンなら入手できるということであれば、味をなるべく落とし、できるだけよく乾燥させてから細かく砕いて与えますが、あくまで非常事態のみです。

炊いた白米やパンは鳥の体内で腐敗しやすいため、与えてはいけない食べ物のひとつですが、小鳥の場合、一日の絶食が致命傷になってしまうこともあるので、臨機応変な対応が必要となります。

ハコベなどの野草が入手できるなら、水でよく洗い流してから与えます。カモガヤやエノコログサ（ネコジャラシ）などのなじみのあるイネ科の植物を選ぶと安心です。

冷え込みが強い日はケージの底に使い捨てカイロを貼って愛鳥を保温します。

それらがないときは熱湯を入れたポットなどを湯たんぽ替わりにすることもできます。

一方、暑い日には保冷剤をケージの上に乗せて熱中症を予防します。ペットボトルに入れた水を凍らせたものや、冷えた水、氷を入れた容器等も保冷剤の代わりになります。

狭いケージやキャリーで保護しなくてはいけなくなった場合、一時的な処置としてオカメインコの長い尾羽や風切り羽をカットしてしまうと、わずかではありますが、愛鳥の行動範囲も広がり、羽が折れて出血するリスクが減ります。

動物愛護法を管轄する環境省も、ペットを留守宅に置き去りにするのではなく、同行避難することを強く推奨しています。

また、被災地では避難が長期化することも少なくありませんので、いざというときに預かってくれる人も探しておくと安心です。

オカメインコってこんな鳥
オカメインコは世界最少のオウムの仲間。
頭の上にあるツンと伸びた冠羽で今の気分を伝えます。
ガチャ

ピューイ!
!!
飯か!?
ただいまー
ピューイ!
遅いじゃないのー

今日もいいコにしてた？
うんうん
ほーれうりうりー
あ〜そこそこ〜
次はアタシー
いやいやー次はお父さんがカキカキだよなー

オカメインコはオーストラリア内陸部出身。
食べ物や水をもとめ、広大な大地を広く飛びまわっています。
太りやすいのはそのため。
もっとまっすぐ飛びたいっす！
狭くてゴメンね！

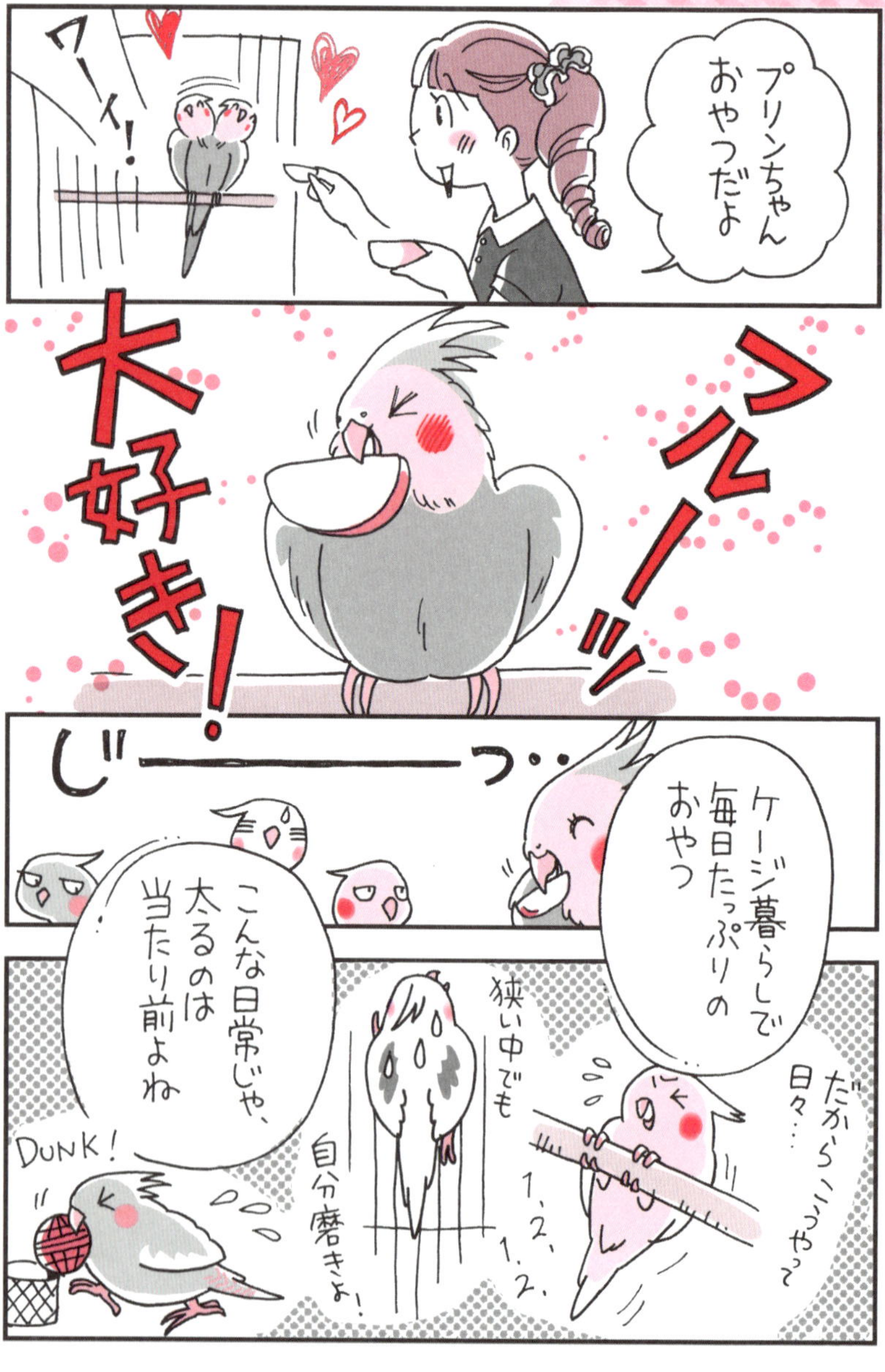
プリンちゃん
おやつだよ
ワーイ！
フルーツ
大好き！
じーーーっ…
ケージ暮らしで
毎日たっぷりの
おやつ
こんな日常じゃ、
太るのは
当たり前よね
だからここやって
日々…
1,2、
1,2、
狭い中でも
自分磨きよ！
DUNK!

オカメインコは群れで暮らす習性がある鳥。
ひとりぼっちはニガテです。
ぽつーーーん

オヤツ！
やったー
ピュピューイ…
ピューイ
ピューイ
くすん…
仲間外れは寂しいよう

わー！
いかん！コップが…
ガシャーン
バサ
バサー
お父さん、きなこが怖がってるよ
ゼーハー
ゼーハー
すまん
すまん
おどろかせてしまったな
オカメインコはちょっぴり臆病。
アタシのキライなもの
ガシャーン
それは「戦わずして逃げる」という生まれながらの本能によるもの。
そこで心配なのは…

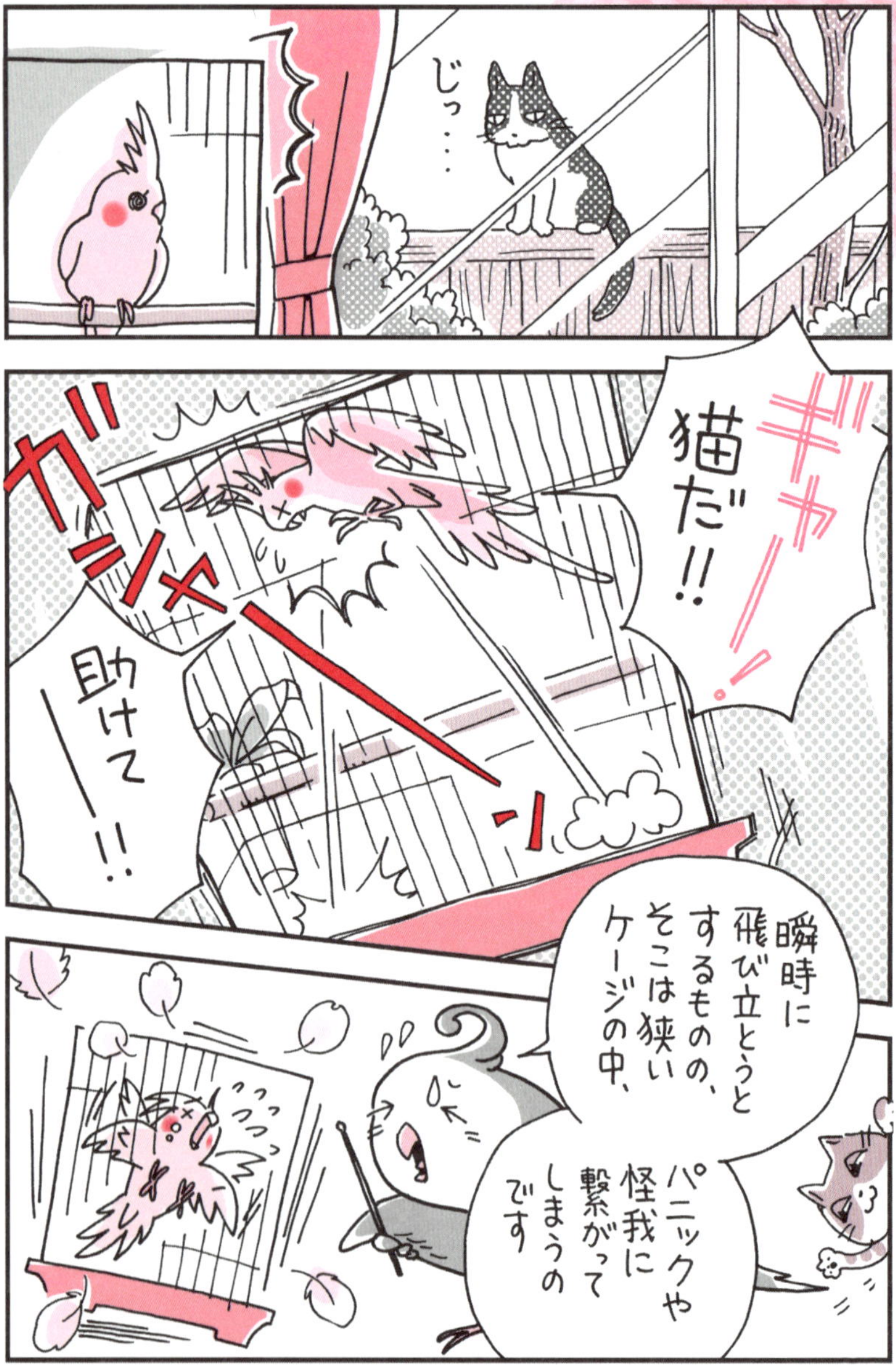
じっ・・・
ギャー！
猫だ!!
ガシャーン
助けて
!!
瞬時に飛び立とうとするものの、そこは狭いケージの中、
パニックや怪我に繋がってしまうのです

生まれてから一冬を越すまでのオカメインコはか弱い存在です。
ある程度、丈夫になるのは1歳を過ぎてから。
さぶさぶ春までのしんぼう…
パチ
パチ
パチ
パチ
1

ぬくぬく
ほかほか
オカメインコ
¥00,000

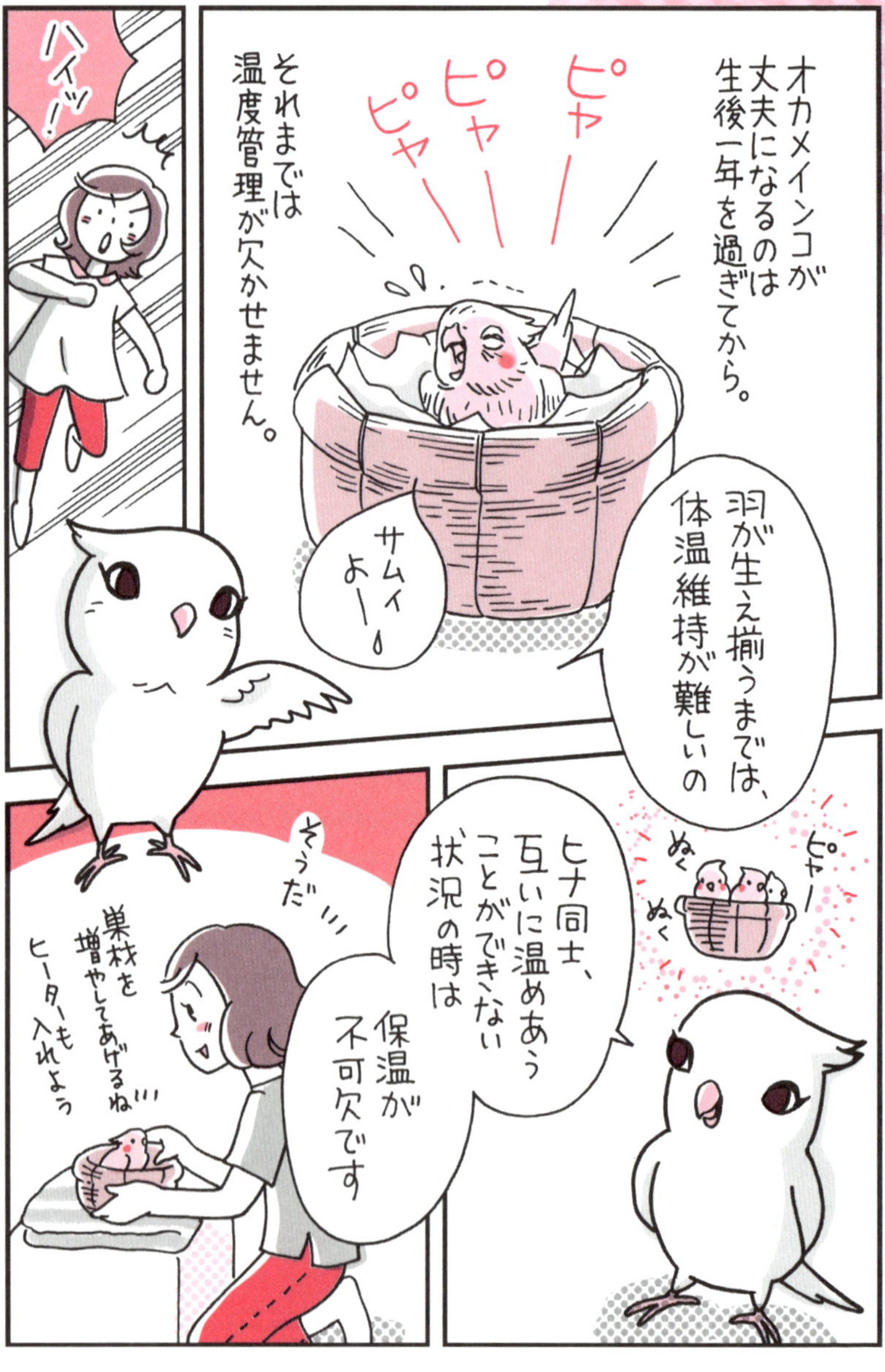
オカメインコが丈夫になるのは生後一年を過ぎてから。
ピャー ピャー ピャー
それまでは温度管理が欠かせません。
サムイよー
羽が生え揃うまでは、体温維持が難しいの
ハイッ!
ヒナ同士、互いに温めあうことができない状況の時は
保温が不可欠です
ピャ
ぬくぬく
そうだ!!!
巣材を増やしてあげるね!!!
ヒーターも入れよう

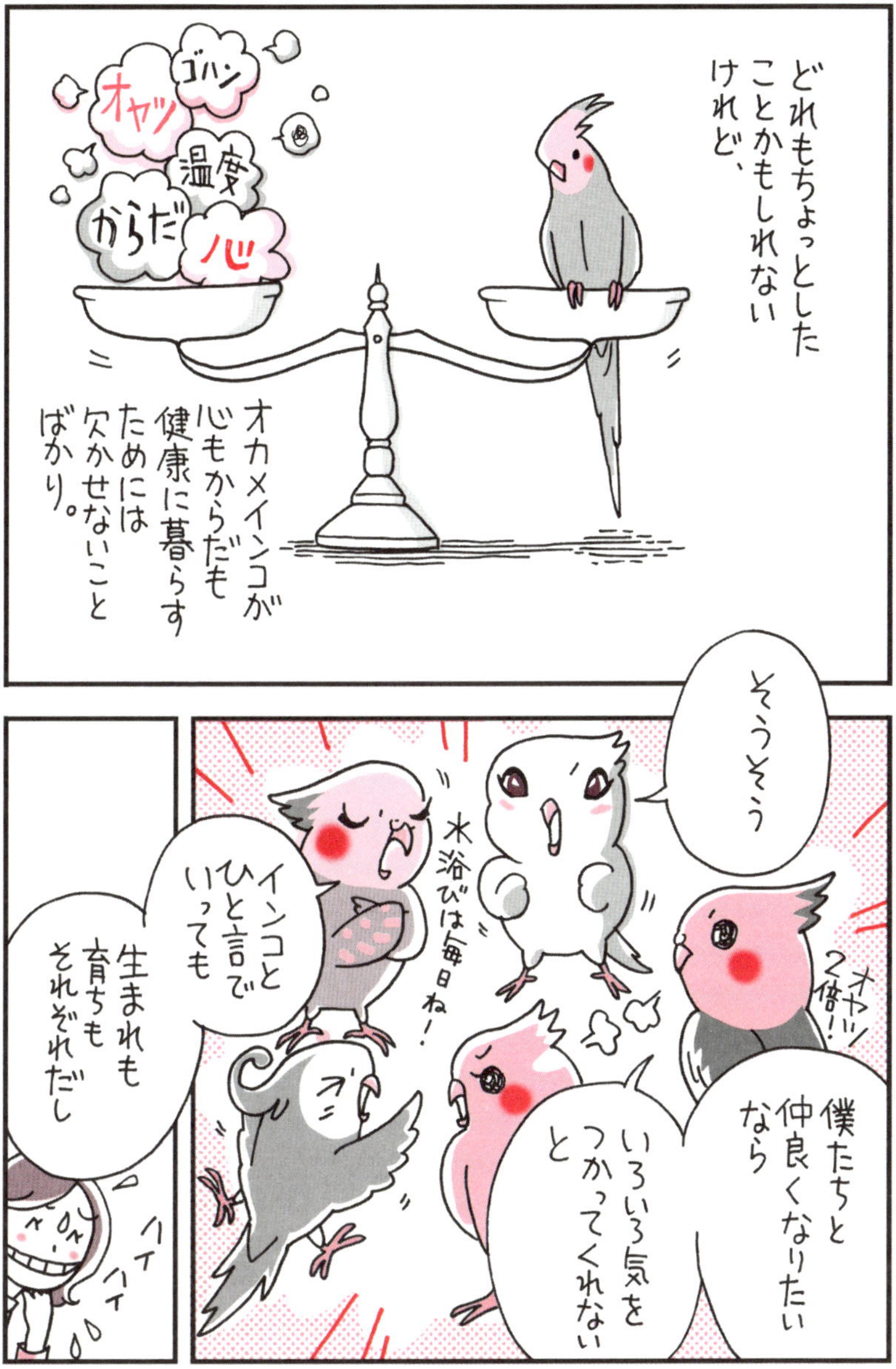
どれもちょっとしたことかもしれないけれど、
ゴハン
オヤツ
温度
からだ
心
オカメインコが心もからだも健康に暮らすためには欠かせないことばかり。
そうそう
水浴びは毎日ね！
オヤツ2倍！
僕たちと仲良くなりたいなら
いろいろ気をつかってくれないと
インコとひと言でいっても
生まれも育ちもそれぞれだし
ハイ
ハイ

オカメインコと幸せに暮らしたいなら、
おいで！
オカメインコのことをよく知ることが一番。

オカメインコも家族の一員です。
野生での暮らしや習性を知って
もっとハッピーに。

第3章

オカメインコのお迎え

Okame inko no omukae

お迎え先選びはたいせつ

オカメインコを新たにお迎えすると決まったら、はやる気持ちを抑え、冷静に以下のいくつかのことを決めましょう。

お迎えの目的

オカメインコを手乗りとして育てたいなら、ヒナか若鳥の中から、元気そうで手を怖がらずに寄ってくるようなコを選びます。

そうではなく巣引き（繁殖）が目的であるなら、すでに仲の良い成鳥のつがいをペアでお迎えするのが成功への近道といえます。

もし、すでに手乗りの鳥で巣引きを試みるのであれば、自分が育てたオカメインコのヒナを見ることができたらラッキー、くらいの気持ちで巣をかけてみましょう。

希望の品種と雌雄

品種の好みはきっと誰にでもあります。こんなオカメをお迎えしたい！と、理想の羽色や希望の性別に思いを巡らせるのもお迎えまでの楽しみのひとつになります。

ただ、そうはいっても希望の品種や性別にこだわりすぎてしまうと、出会いの機会はなかなか訪れないかもしれません。

それに、品種にばかり目を奪われてしまった結果、家庭での飼育に不向きな、か弱い小鳥をお迎えしてしまったのでは、本末転倒ではないでしょうか。

オカメインコの飼育に実はまだ自信がないという人や、元気なコが一番！という方には、丈夫で賢く飼いやすいノーマル種をおすすめします。

新しい品種でも健康にまったく問題のないコもいますが、原種やそれに近い品種や、品種として固定化されてから歴史がある品種から選ぶと、遺伝病などのリスクは下がるといわれています。

購入先

購入先としてはショップかブリーダーがありますが、どちらにも一長一短があります。ショップであれば、店内の衛生状況やスタッフの飼育管理の質を自分の目でチェックしてからお気に入りのコをお迎えすることが可能となります。

その一方で、ヒナの性別がわからないことがほとんどで、スタッフもオカメインコの品種に関しては、それほど詳しくないということも少なくないようです。

鳥類専門店であれば雌雄や品種がわかるケースもあり、有料になりますが、幼鳥のうちからDNA検査で性別を明らかにすることもできるショップが増えてきています。

ブリーダーからのお迎えをする場合、品種や性別は遺伝的に判明していることも多いため、ショップよりは希望の品種や雌雄に巡り合いやすいと言えるでしょう。

専門的にブリーディングしているところであれば、オカメインコに関する知識も豊富で、お迎え後も相談に乗ってもらいやすいかもしれません。

その反面、ヒナの購入意思を示す前に、禽舎の様子や生まれたヒナを事前に見せてもらうことは難しい場合も多く、口コミやインターネット等の不確実な情報でしか判断できないというリスクもあります。

この先、長いお付き合いになるオカメインコのお迎え先です。

自分にとって譲れないポイントはどこか、さまざまな面から判断して選びましょう。

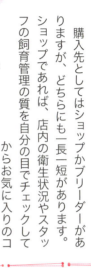

いつ頃迎える？

オカメインコのヒナをお迎えするのであれば、断然、春がおすすめです。

ひと昔前までは、小鳥のヒナといえば春先にペットショップを賑わす季節の風物詩のような存在でした。

ところが今では24時間の空調管理ができるようになり、セキセイインコと一緒にオカメインコのヒナも一年じゅうショップで見かけるようになりました。

家庭でもペットショップと同じような空調管理が全館空調システムで可能ということなら話は別ですが、そうでなければ後悔することのないよう、暖かくなってくる時期までお迎えは控えましょう。

特にオカメインコの場合、はじめの1年がとても肝心です。

だんだん暖かくなっていく春の季節は、もっとも温度管理がしやすく、1年近く経つ頃に冬を迎えることになるので、その頃には羽毛もだいぶ生えそろっています。

巣立ち前のヒナは保温が欠かせず、温度の急激な変化にも弱いので、冬のお迎えともなると、動物病院にすら連れていくのもままならない状況が生じます。

以前、こんなことがありました。

真冬に親鳥が孵化したばかりのヒナの飼育を放棄し、ヒナがぐったりしてきたので動物病院に連れて行こうと電話連絡しました。すると、獣医師の先生から寒さの中、ヒナを連れ出すのはたいへんリスクの高い行為であり、ときには命にも関わることがあるから、と受診を断られ、自力で解決せざる得なくなってしまったのです。

使い捨てカイロを使うにしても、小さなヒナの場合ケース内での酸欠が心配です。

冬にヒナをお迎えするのは、よほどのことがない限りはやめたほうが無難です。

4コマ
オカメインコ漫画！
"Mafuyu no omukae"

『真冬のお迎え』

目と目があって…
運命の出会い
おうち来る？
うん！
だけど真冬にヒナの保温ほど難しいものはない
ヒエー
温度下がってる～
zz…
サブイ…
お迎えの時期は慎重に…

ヒナの選びかた

オカメインコの平均寿命は20年とたいへん長寿です。しかしそれは健康に申しぶんのないオカメをお迎えできたら、それくらい長生きすることもできるという話です。命を選別するようで気が引ける方もいるかもしれませんが、健康なヒナを選ぶことは大切です。清潔で飼養知識のあるショップが増えれば、不幸な小鳥を減らすことにもつながります。

プロでもない限りヒナを少し見ただけでは、そのオカメインコの性格や隠れた疾患まで見抜くことは難しいものですが、健康的であるかどうかはよく観察すれば、ある程度は判断できるのではないでしょうか。

まず、瞳に注目します。ヒナは寝ている時間が長いですが、その中でも動きが少なく、目を閉じてばかりいるコは体調に問題を抱えているのかもしれません。

総排泄腔付近が汚れてはいないかもチェックしてください。

排泄物で汚れている場合、下痢をしている恐れがあるからです。

病気のリスクを避けるため、羽が生えそろっていないところや、部分的に羽が欠けているところがないかも、くまなく観察しましょう。

全体的な印象としては、痩せ細って弱々しいコよりは、全体的に骨格がしっかりしていて、まるまると肉付きのよいコのほうがベターです。

ケースの中でのヒナの行動をしばらく観察してみると、同じように見えていたヒナの個性や体格の違いがだんだんわかってきます。

動きがきびきびとして元気いっぱいのコ、ヒトの手を避けるというよりは好奇心旺盛で寄ってくるようなコ、よく動きよく鳴いてよく食べてよく寝るコが、よいコンパニオンバードになります。

長い付き合いになるオカメインコです。わからないことがあれば遠慮なくスタッフやブリーダーに尋ね、きちんと納得した上でヒナを購入しましょう。

4コマ
オカメインコ漫画！
"kitaihazure"

『期待はずれ』

お迎えが決まったら

オカメインコが新たに我が家にやってくる予定が決まったら、さっそくお迎えの準備をはじめましょう。

ヒナであれば、パウダーフード（フォーミュラー）とさし餌の時に使う専用のスプーン、保温器具と飼育ケース（ふご等）、床材（敷きワラなど）を用意します。

さし餌でヒナのそのうをやけどさせてしまうという事故も多いので、スティックタイプの湯温計やクッキング温度計を用意しておくと便利です。

ヒナの脚がひっかかってしまうようなタオルや毛足の長いじゅうたん、ガーゼのような敷物は、ヒナを飼育するケースの中に敷くのはご法度です。

新聞紙はインクで羽が汚れてしまいがちなので、床材としては木くずでできたバードマットやアルファルファなどの牧草（げっ歯類用として販売しています）や、キッチンペーパーを軽く敷き詰めるとよいでしょう。

ヒナを飼育するケースの中の温度を25〜30℃程度に保つことができるか、あらかじめ温度計を用いて確認しておきます。

密閉性の高い容器の中は高温になってしまうこともあるので、サーモスタットを合わせて使うと安心です。

ヒナがしっかりと食べているかを確認するために、食前、食後に体重を測ることができる精密キッチンスケールも用意しておきましょう。

オカメインコは環境の変化に敏感です。ヒナが我が家にやって来てから慣れるまでには、それなりに時間がかかるものです。

環境の急激な変化にヒナがついてゆけず、エサを食べなくなってしまうこともあります。飼育ケースの置き場は、リビングの中でも静かで落ち着く場所を選び、さし餌のとき以外は布をかぶせた飼育ケースの中で安静にさせて、すこしずつヒトに馴らしていきましょう。

4コマ

オカメインコ漫画！

"Sakibashiri"

『先走り』

初日が肝心

元気そうに見えるヒナや成鳥でも、移動と環境の変化による疲れは相当なものになるはずです。

万が一に備え、ショップや動物病院に相談できるよう、お迎えはなるべく午前中の早めの時間に設定しておきます。夜間に困ったことが起きても、相談先が確保できないからです。

家にやってきたばかりの日は、エサを与えるだけにして、あとは暗くしてゆっくり休ませましょう。

嬉しさあまってヒナをベタベタといじくり回してしまうと、体力が落ちているところにさらにダメージが加わり、ヒナはいっそう衰弱してしまいます。

ヒナを家に連れ帰ってはじめてのさし餌は、食滞を防ぐため、ショップで食べていたさし餌より心持ち薄めくらいがベターです。

薄めのさし餌にした分、回数を増やして与え、ヒナの体重が減っていないかをスケールで確認します。

ヒナがもし、さし餌を食べないときは、まずさし餌の温度が適切であるかをチェックしてください。親鳥の体温に近い42℃程度の温度が最適です。

それでも食べようとしないときは、ヒナの入っている飼育ケースの保温が確実にできているかもチェックしましょう。

いったん飼育ケースに戻し、ヒナを保温し、さし餌も温めなおしてからあらためて与えると食べ始めることがあります。

小鳥用のフードポンプで強制給餌をすることもできますが、ヒナの飲み込む力や食べようとする意志は大切にしたいところです。

ポンプの先につけたビニール管で口の中や食道を傷つけてしまうこともあるので、強制給餌は慎重に行い、自力では難しいと感じるようであれば、ムリはせず、動物病院で指導を受けましょう。

　また、さし餌を与える前には、その数時間前に与えたさし餌がそのうや胃袋に残っていないか、食滞を防ぐためにもヒナをそっと仰向けに返して確認します。

　もし、前回のさし餌がそのうにまだ残っているようであれば、スプーンかスポイトで42℃程度の白湯を少しクチバシの横から流し込み、そのうのあたりを優しく撫でて消化を促します。

この時期のヒナは、ヒトの赤ちゃんと同じように、食べては寝て、食べては寝て、を繰り返して成長する時期です。
コミュニケーションはさし餌のときだけにして成長の様子をそっと見守りましょう

健康診断のススメ

新たにお迎えしたオカメインコは、ヒナであれ成鳥であれ、一度は動物病院で健康診断を受けさせましょう。

早い時期の検査によって、未然に発症を防げる病気もあるからです。

ただ、動物病院といっても、鳥の診療に長けている獣医師がいる動物病院でないと、表面的な診察に終わってしまうこともあるので病院選びは大切です。

鳥類に詳しい動物病院であるかは、近隣の愛鳥家の方におすすめの小鳥の病院があるかを尋ねてみるのがもっとも確実ですが、犬のようにお散歩のときに尋ねるということもできません。

お迎えしたペットショップやブリーダー、インターネットの愛鳥家が集う掲示板などで尋ねてみるのもよいでしょう。

動物病院の目星がついたら、電話で健康診断を受け付けているかを確認します。ここで鳥の診療は専門外という動物病院の場合でも、他の専門病院を紹介してもらえることもあります。

小鳥の健康診断の内容としては、視診、触診、体重測定のほか、そのう検査や糞便検査、遺伝子検査などがありますが、獣医師に相談して、どれを行うか決めましょう。

そのう検査では、そのうの中の液を採取し、顕微鏡で有害な真菌（カビ）などがいないかを調べます。

糞便検査では顕微鏡で細菌や真菌、寄生虫などの有無を確認します。

遺伝子検査では、少量の血液か羽毛でPBFD等の感染症の有無を診断します。

健康診断を受診する時期としては、引っ越しの疲れがインコの体調に現れてきやすいといわれる、お迎えから3~7日頃が、ひとつの目安です。先住の鳥がいる場合は、感染の危険をなくすために、可能であればお迎えしたその日のうちに、健康診断を受診するとよいでしょう。

4コマ

オカメインコ漫画！

"Kenkoushindan no tanoshimi"

『健康診断のたのしみ』

巣立ちの頃気を付けたいこと

ヒナでお迎えしたオカメインコも、1か月もすればだいぶ成長します。

生後4週くらいになったら、さし餌のほかにエサを床に撒いて、少しずつひとり餌になるよう仕向けていきましょう。

成鳥になる前にペレットにするかシードにするかを決めて、まき餌をはじめます。

フォーミュラを食べている時期からペレットの味にも馴染ませておけば、シードもペレットも食べられる鳥さんに育ちます。

成鳥になると、見慣れぬものを食べなくなる傾向がでてくるので、ペレットで育てたいなら、できるだけヒナのうちからペレットを食べさせましょう。

シード食を主食に考えているなら、むき餌や粟穂を床に撒いておくと食べ始めます。

床に撒いたエサは排泄物で汚れがちなので、汚れたエサをヒナが口にしてしまうことのないよう、この時期は床材を敷紙にして、こまめに交換しましょう。

甘えん坊といわれるオカメインコはひとり餌への切り替えがスムーズにいかず、さし餌が長くなりがちです。

生後1か月を過ぎてひとり餌を食べ始めても、一日に1回程度のさし餌は、食べるうちは続けておくと安心です。

さし餌はコミュニケーションの一環にもなりますし、それ以上に巣立ち後の若鳥の時期は、もっとも落鳥しやすいといわれる繊細な時期でもあるからです。体重も一時的に落ち込むことがあります。

そんなことからも、1日1回のさし餌と体重測定はしばらくの間は続けて、オカメがしっかり食べてきちんと育っているかを確認し続けましょう。

巣立ちが間近になると羽ばたきの練習をはじめます

狭すぎないよう、ヒナを底網を外したケージに移すか、大きめのケースに移して、羽ばたきの練習ができるようにし、踏ん張りやすいよう床材は新聞紙等にします。

さし餌のときも、飛びたくてそわそわするようになり、落ち着かなくなります。

この時期のヒナは飛ぶという大きな挑戦をしている最中です。食事中だからといって、無理に追いかけ回さず、温かい目で見守ってください。

そのためにも、部屋の中はいつも以上にすっきりとさせて、着陸に失敗したときにオカメインコがケガをすることのないよう、心おきなく飛ぶ練習ができる安全なスペースを用意しておきましょう。

かわいかったヒナが手乗りではなくなってしまうような不安に駆られるかもしれませんが、一通り飛べるようになれば、今度は飼い主さんを追って飛んでくるようなかわいい一面を見せてくれるようになります。

それまではケガのないように配慮して親鳥気分で飛行練習を応援したいものです。

Okame Inko
COLUMN

オカメパニック

オカメインコは前ぶれもなく、激しく暴れだすことがあります。

これを俗に「オカメパニック」と呼びます。

突然の物音や振動、窓からの光など、オカメインコが驚くようなことがあると、発作的にパニックに陥ってしまうようです。

オカメインコは放鳥中に、何かにひどく驚いたりすると、突然、窓に向かって飛び立ち、激突して落ちるようなハプニングを起こします。

それだけでも充分、危険なのですが、ケージという極めて限られた狭い空間の中にいるときでも、驚いたオカメインコは容赦なく暴れ狂うので、場合によっては骨折などの大けがにつながることさえあり、油断できません。

さらに困ったことに、一羽のオカメインコが驚いて暴れると、同じケージに暮らすオカメはもちろんのこと、ほかのケージの中にいるオカメインコまでもが、その物々しい騒ぎに刺激され、一斉にパニックに陥ってしまうこともあります。

こういったオカメインコ特有のパニックは、海

外ではナイトフライト（夜間に起こる恐怖）とも呼ばれています。夜間に多く発生し、原因らしき騒音や振動がなくてもパニックになることから、オカメインコ自身が見ている夢に左右されて起こることもあるのではないかとも考えられています。

また、オカメパニックは、ルチノーなどの目が赤い品種に多発することから、理由のひとつとして、視力や遺伝的な理由が考えられていますが、はっきりとしたことはまだわかってはいません。

オカメパニックは夜間に勃発することが多いので、オカメインコの飼育部屋に、豆電球のような小さな明かりを夜間でも残しておくと、落ち着くこともあるようです。

それ以外にも、ラジオなどから音を小さく流しておくと、ほどよく緊張を緩和することができ、パニック抑制の効果があるといわれています。

そもそもオカメパニックは、外敵が身近に現われたときなどに、身を守るためのものです。補食される側として生き残りをかけ、その場から逃げようとして、できるだけ速く、できるだけ遠くへと飛び立つ行動そのものでもあります。

1羽のその突発的な行動が、ほかの群れの仲間にも危険を知らせ、一斉に飛び立ち、その結果、群れの仲間の命が助かることになります。

そう考えると、オカメパニックは決して不自然な行動ではなく、むしろ危険から身を守るために行う、オカメインコたちの秘策のひとつでもあるわけです。

オカメインコには、こちらの都合でケージの中に入ってもらっているわけですから、ケガのないよう、なるべくケージの中は広々と使えるようにしておきましょう。

また、オカメインコ自身が周囲の環境に神経質になりすぎることのないよう、適度な生活音がある空間に慣らし、気晴らしとして、インコ用のおもちゃなどを邪魔にならない程度に設置するのもよいでしょう。

第 4 章

理想の飼育グッズ、ケージ

Risou no shiiku goods.cage

オカメインコにとってケージとは

オカメインコにとってケージは一日の大半を過ごすたいせつな場所です。はじめから出来る限り大きめで良質のものを購入しましょう。

成鳥のオカメインコの場合、体長が約30～35㎝、翼開長（翼を広げたときの翼両端の距離）も40㎝強ありますので、広いスペースが欠かせません。

ケージの大きさは最低でも横幅は45㎝、高さは60㎝程度を確保したいものです。ケージに保温器具を含む飼育用品をセットした状態で、オカメインコが羽ばたくことができるスペースを確保しましょう。

もし巣引きをする予定があるなら、巣箱も入れた状態で狭すぎないかを確認します。

同じ体積のケージを選ぶとしても、底面積がなるべく広いほうを選んでください。高さのあるケージを用意しても、鳥は上のほうにいることを好むため、せっかくの空間が有効活用されないこともあるからです。

止まり木は上下に段をつけて2本、設置します。止まり木を1本のみにしてしまうと、愛鳥はそこにいるしかなくなってしまうので、動きまわることができる範囲が限られてしてしまいます。

ケージを選ぶ際に気を付けたいのは、大型インコ・オウム用のケージの中には、金網の間隔が広めのものがあるということです。オカメインコが頭部を誤って挟んでしまうことがあるような網目間隔の広すぎるケージはNGです。

一方、フィンチや小型インコ用のケージの中に、複数飼育を前提とした大きめのケージも販売されていますが、オカメインコが通るには小さすぎる出入口のものがあります。

一度でも頭部や翼がひっかかってしまうと、怖がって出てこなくなることもあるので、オカメインコがスムーズに出入りできるサイズの出入り口であるかどうかも入念にチェックしましょう。

4コマ
オカメインコ漫画！
"cage no okiba"

『ケージの置き場』

飼育用品を選ぶポイント

最近はインコ向けの飼育用品もデザインが凝ったものや、形の変わったものがたくさん発売されているようです。みなさんもどれを選んでよいのか迷ってしまうことが一度はあるのではないでしょうか。

エサ入れ・水入れに関しては、基本的には、ケージにあらかじめセットされている付属品で問題はありません。

ただ、セキセイインコに比べると、からだが大きいこともあり、オカメインコはずいぶん水の減りが早いように感じます。もし付属の水入れが小さいようであれば、水入れは買い換えて、たっぷりの水が入る大きめのものを用意しましょう。

ほかにも排泄物やゴミが入りづらいバナナ型の水入れや、いたずらされてもひっくり返されづらい、安定感のある陶器製やステンレス製のものなど、いろいろあります。

はじめは付属品のままで使ってみて、飼い主さんの好みで買い換えるとよいでしょう。

止まり木は太さと硬さが大切です。太さは20㎜程度で止まり木に対して2／3くらい、オカメインコの趾《あしゆび》が回る程度の円周が理想です。

止まり木が太すぎると、しっかり掴むことができず、木の上にちょこんと乗る形になってしまい、オカメインコが脚をすべり落としやすくなりがちです。

その一方、趾《あしゆび》が一周してしまうほど止まり木が細すぎても、安定感がなくなってしまいます。

ケージによっては、プラスチック製の止ま

り木が付属品としてついていることがありますが、これだと硬すぎて、脚に腫瘤《しゅりゅう》ができてしまう恐れがあるので、こちらは自然木のものに買い替えることをおすすめします。

止まり木やエサ入れ、水入れは2つずつ用意しておくと、洗い替えとして、清潔に乾燥させてから使うことができて衛生的です。

また、1泊程度の外泊なら、エサ入れ、水入れを2つずつセットしておくことで、より安心して愛鳥を留守番させることができます。

水浴び容器は毎日使うものではありませんがひとつは用意しておきましょう。

オカメインコの場合、ほかの小型種に比べてからだが大きいので、小型インコや文鳥用の外付けタイプのバードバスで代用するのは、やや無理があるようです。

容器に水を張る深さは2㎝あれば充分ですので、安定感のある深皿などで代用できます。

ただ、水浴びはオカメインコに雨期を想像させて、過発情にもつながりやすいので、様子を見ながら行いましょう。

いずれのグッズも、すみずみまで洗いやすく、中身の取り換えが簡単で、毎日の世話が楽しくなるようなものを選ぶと長く愛用できます。

暑さ対策

オカメインコは暑さにも強いコンパニオンバードといわれてはいますが、昨今の日本の夏は尋常ではない猛暑続きの日もありますので、油断は大敵です。

オカメインコの原産国、オーストラリアは、日本のような四季はなく、熱帯性気候で雨期と乾季に分かれています。

なかでも、オカメインコの主な生息地である内陸部は乾燥した砂漠気候で、オーストラリアの中でも雨期がとても短いという特徴があります。

そんなこともあり、オカメインコは多くの水分を必要としないからだのつくりになっていて、排泄物も半固形状のフンをします。

オカメインコは乾燥には強いですが、その反面、湿度は苦手でもあるようです。

湿度の高い日本の梅雨や夏は、オカメインコにとっては快適とはいい難いものといえるのではないでしょうか。

オカメインコを飼育する部屋では、除湿機やエアコンのドライ機能を使うとてっとり早く除湿することが可能です。ただ、夏場に除湿機を用いると部屋が温まってしまうことがあり、かといってエアコンのドライ機能だと部屋を冷やしすぎてしまうこともあるので、飼育部屋の温度や湿度に応じて、上手に使い分けたいものです。

手軽にできる除湿対策としては、重曹の粉を入れた容器を湿気の気になる場所に置いておくと、周囲の湿気だけでなく、部屋の臭いも吸収する効果が期待できます。

また、新聞紙は他の紙類に比べ、湿気を吸いやすいという特徴があります。

ケージの中に新聞紙の敷紙を厚めに敷き、ケージの周囲にも敷いておくと、湿気の吸収に役立ちます。

梅雨の晴れ間には、対角の窓の双方を網戸にし、空気を循環させましょう。

よい湿気払いになる上、オカメインコにとっても気分転換になることでしょう。

4コマ
オカメインコ漫画！
"Shihuku no mizuabi"

『至福の水浴び』

暑い日は水浴びが日課
ぷっはー
さぁ、みんなおいで〜
ムハ〜 オカメクサっ
クンクン
クンクン
飼い主にとっても至福のひと時なのでした。

寒い冬を乗り切る

生後1年を過ぎた健康なオカメインコであれば、日本の寒さにもある程度は耐えることができます。

オカメインコの理想的な飼育環境の温度は25〜30℃程度ではありますが、寒がって羽を膨らませているようでなければ、むやみに暖房を入れる必要はありません。からだが丈夫な鳥に育てるためには、過保護にしすぎないことも大切です。

インコは寒いと感じると羽をふんわりと膨らませて、からだ全体を保温します。

15℃くらいの気温であれば、羽を膨らませることもなく、きびきびと動き回るオカメインコも少なくはありません。このようなときは、保温は不要です。

寒がっているかどうかは、羽の膨らみ加減で判断しましょう。

一方、幼齢期や中年期以降になると、夕暮れどきや朝方に起こる気温の変化にからだがついていけず、体調を崩してしまうことがあるので要注意です。

留守中の温度変化も記録できる最高最低温度計がひとつあると、オカメインコが留守中、適温で過ごせているか、正確に判断することができます。

一日のうちで極端な温度差がないように工夫しましょう。

暖房を極力使わずに寒さを和らげるためには、窓と床からの冷気対策が欠かせません。フローリングや大理石の床は特に冷えますので、飼育ケージをその上に直接置くようなことはご法度です。

暖かい空気は上に上がるので、寒い時期はケージは床付近ではなく、できるだけ高い場所の棚の上に乗せましょう。同じ室内でも床付近より体感温度が上がります。

窓にはエアパッキンのような専用の冷気よけシートを貼ると、空気の層ができて冷えを防止する効果があります。

費用はかかりますが、ガラス窓のガラスをペアガラスにしたり、もう1枚、内窓を設置したりすると、外からの冷気を遮断する効果は倍増します。

これらは寒さだけでなく夏も断熱効果を発揮するので、一年を通して飼育部屋の光熱費を抑えることが可能になります。

このように、床と窓からの冷気を防止すると、体感温度がさらに2〜3℃は上がるといわれているので、やってみない手はないでしょう。

ほかにも、ホームセンター等で販売されている、テーブルクロスに使う透明のビニールシートを購入し、オカメインコのいるケージにかぶせるだけでも、ペットヒーターによる保温効果がぐんとアップします。

基本的なことではありますが、雨戸やカーテンをひくだけでも、外からの冷気の侵入を防ぎますので、部屋全体とケージの二段階で寒さ対策を行いましょう。

あったら便利なもの

オカメインコを飼育する上で、毎日使うものではないけれど、ないと不便なものを考えてみましょう。

キャリーケース

車があれば、通院や移動もケージごとできてしまいますが、キャリーケースがあると、いろいろと安心です。

中のオカメインコも狭い空間のほうが落ち着きますし、保温をしなくてはいけないときも、狭い分、ケージより効果的に保温が可能です。

オカメインコは止まり木に止まっていたほうが安心できるので、止まり木が一本設置できるタイプで、長い尾羽が折れ曲がらない広さと高さのあるものを選びましょう。

爪切り&止血剤

インコの爪切り用にハサミ型の爪切りも販売されていますが、ヒト用の爪切りでも代用できます。使いやすいほうを選びましょう。

ライトを当てて爪を透かし、血管の手前で気持ち長めに先端をカットします。

特に小鳥は血液の量が少なく、少しの出血でも死を招くことがあるので、爪切りは慎重に行いたいところです。

もし出血してしまった場合に備え、市販の動物用止血剤を用意しておくと安心です。

バードスタンド（待ってて台）

少しの間、指や肩から降ろしたいとき、体重測定するとき、芸を教えたいときなどにあると便利です。オカメインコ用か中型インコ用の安定感のあるものを選びましょう。

ウッドチップ（バードマット）

ケージの底に敷く敷紙は新聞紙を使うケースが多いですが、広葉樹のウッドチップを敷き詰めるのもおすすめです。

吸湿・吸水性が高いだけでなく、抜け落ちた羽やエサの殻、脂粉、排泄物の飛び散りを抑えます。

特にヒナの場合、フン切り網（底網）を使用しないので排泄物でからだが汚れがちですが、ウッドチップを敷き詰めることで、ヒナのからだを清潔に保つことができます。

また、ウッドチップの汚れた部分だけを簡単に取り除くことができるので、掃除の際の手間も少なくなります。

焼き砂

ケージのフン切り網（底網）をあらかじめ取り外しておき、ケージの底に1cm程、焼砂を敷いて使用します。後胃の中で食物の消化を助けるグリッドの補給になります。数日に一度、網でふるいにかけてフンやごみを取り除いておくと、無駄なく床を常にきれいな状態に保つことができます。

透明アクリルケース

ケージごと、あるいは飼育ケースごと入るサイズの透明アクリルケースは、保温性が期待できます。ヒナの保温、病気のときの保温に役立ちます。

夜間の呼び鳴きなど、鳴き声で困るようなときにも緊急避難的に防音効果の高いアクリルケースに入れることで、鳴き声が周囲に響き渡ることを抑えることができます。

買ってみたけど ほとんど使わなかったもの

飼い主さんやオカメインコによっては便利に使えるものかもしれませんが、過去にとりあえず入手してみたものの、無用の長物と化したものをご紹介しましょう。

●バードスーツ（フライトスーツ）

バードスーツは装着後、リードをつけると外出が可能になります。

総排泄腔の部分にはポケットがあり、そこにライナーを入れておくことで、排泄物をキャッチし、鳥のからだや周囲を汚すことなく放鳥ができます。

これらのバードスーツは主に中・大型インコ・オウム用に開発されたものですが、オカメインコでもバードスーツを着こなすコがいます。成鳥になってはじめて体験するオカメインコは怖がって装着に抵抗を示すことが多いようです。

気になるようなら、なんのためにフライトスーツを着せるのかを考えたうえで、一度はチャレンジしてもよいかもしれません。

スーツの装着に慣れるまでは、飼い主の側も多少、手間取ります。オカメの側もはじめてのことですから、驚いて頭や翼を通すときに暴れることもあります。また、なんとか装着できても、サイズが合っていなかったり、正しく装着できていないと、袖や頭部のヒモの間からするりと抜け出してしまったりすることがあるので要注意です。

装着を嫌がらず、バードスーツを着てお出かけを楽しみにできるようなコであれば便利な一品ですが、無理やり装着しようとして失敗し続けると、飼い主さんとオカメインコの仲が険悪になってしま

うこともあります。

巣立ちの頃から「着るのが当たり前」のように愛鳥を育てることができれば、それほど抵抗もなく装着させてくれることもあるようです。

●ハーネス

フライトスーツは布製ですが、ハーネスはロープ状のものを頭部と翼部に通して装着します。こちらも外出のためのものですが、きちんと装着できていないとするりと抜け落ちて飛んでいってしまう恐れがあります。

●サンドパーチ

爪が削れるように止まり木に巻いて装着するタイプのものと、止まり木の形になっているものがあります。

爪が削れるほど荒い素材です。脚の裏まで傷つけてしまうことがあるので、たまに使う分には問題ないかもしれませんが、常時、鳥カゴに設置して使い続けることは脚を痛めてしまうことになるのでやめましょう。

●バードテント

バードテントはコザクラインコやマメルリハのような、習性的に洞の中に入って眠る鳥は喜ぶようですが、枝の上で眠るオカメインコのような鳥は怖がって寄りつこうとすらしないことがほとんどです。購入するなら大きめのものでトンネルのように遊ばせてみてはいかがでしょう。

第5章

理想の食餌

Risou no shokuji

シード派？ペレット派？

オカメインコの主食にはペレットとシードの2種類があります。ペレットは小鳥の栄養を考えて作られた完全栄養食です。

ペレットの最大の長所は、「これひとつでOK」というところではないでしょうか。

主食用のペレットであれば、ビタミン摂取のための青菜やミネラルを含む鉱物類といった副食は、基本的に不要となります。

シードで育てる場合は欠かすことのできない青菜も、おやつ程度、好きなときに与えればよいということになり、各種の副食をそろえる負担が減ることになります。

たとえばひとり暮らしの飼い主さんが、一年じゅう、小松菜やチンゲン菜を新鮮な状態で冷蔵庫に切らさないというのは、至難の業ではないでしょうか。外食の多い飼い主さんなら、青菜を1把も買っても新鮮なうちに食べきれないこともあるでしょう。

青菜だけでなく、ペレットにすればボレー粉やカトルボーン、塩土、焼砂、ミネラルブロック、栄養補助剤といった細々としたものを常備する必要はなくなります。

副食各種を常時、取りそろえたり、栄養のバランスを考えたりするのは得意ではないという飼い主さんは、愛鳥の主食をペレット

へ切り替えることをおすすめします。

ペレットといっても、各社からさまざまな種類のものが発売されています。

対象の鳥としてオカメインコが入っているペレットの中でも主食用のもの、できるだけ添加物等が入っていないもの、消費期限の長いものを選んでください。

ペレットを主食にする場合のデメリットとしては、外国産の輸入品がほとんどで、国産のペレットも入手経路が限定されがちであることです。

一般的なペットショップやホームセンターなどでは入手しづらいこともあり、インターネットや通信販売で取り寄せなくてはならないこともあります。

ペレットはシードほどすぐに入手できないことを考慮に入れ、消費期限に気を付けつつも、いつも少し余分に買い置きをしておきましょう。

一方、シード食にも、種子ならではの良さがあります。

シード（種子）は野生のオカメインコも食べている食物であり、より自然に近いエサであるといえます。

エサ箱の中から食べたい気分の種子を選び、一粒一粒、殻を剥いて食べるという喜びは、シードにしかないものであり、小鳥の本能を満たす食べ物といえるでしょう。

しかし、そうはいっても、野生のオカメインコが食べているものと市販のシードがまったく同じというわけではありません。野生のオカメインコは自然界で30種類以上の種子を食べているといわれています。

野生下では種子だけを食べているわけでもなく木の芽や鉱物等も食べています。

市販の種子混合餌には、良質のタンパク質が豊富に含まれていますが、ビタミン、ミネラル、カルシウムといった栄養分はほとんど含まれていないのです。

シード派？ペレット派？

自然界に暮らす野生のオカメインコたちは、種子以外の食物からこれらのものを摂取していると考えられます。

シード食をメインにするなら、シード以外の副食も取りそろえ、必要摂取量を意識しながら、量を加減しつつそれらを与える必要があります。

この、加減しながら与えるというのがなかなか難しいもので、、副食を与えっぱなしにしてしまうと、過剰摂取による副作用が起こるものもあります。

たとえばインコが塩土やボレー粉を食べすぎてしまうと、それらが消化器官に溜まってしまい、胃を閉塞してしまうことがあります（グリット・インパクション）。

また、オカメインコ自身の食の好みもあり、複数のシードや副食を与えれば、必ずしも万遍なく食べてくれるとは限りません。

愛鳥にバランスよくエサを与えるのは思いのほか難しいものです。

ほかにもペレットにはごく安全な量が含まれているビタミンD_3は、カルシウムを有効に働かせるためにも必要性の高い栄養素のひとつです。

シード食の場合は、ビタミンD_3が欠乏しがちです。サプリメントで与える場合は、過剰摂取に気を付けなくてはなりません。

シード食は、副食をこまめに買い足し、愛鳥が何をどれだけ食べているか、様子をこまめに確認しつつ、量を加減しながら与えましょう。

そういった細やかな配慮を愛鳥のために苦もなくできる飼い主さんで、エサの加減や副食の調達も小鳥を飼う楽しみのひとつと思えるようであれば、シード食は向いているといえるかもしれません。

オカメインコの食の好みだけでなく、飼い主さんのライフスタイル等の事情も考慮に入れたうえで、愛鳥の主食を何にするかを決めましょう。

4コマ
オカメインコ漫画！
"Kiniiranaikedo"

『気に入らないけど』

むき餌やアサの実がNGの理由

オカメインコ用として市販されている種子混合餌の中には、ヒマワリの種やアサの実が含まれていることも多いようです。

まったく与えてはいけないということはありませんが、オカメインコの脂質要求量は7％程度です。

オカメインコ用のエサだからといって、そのまま与えていると、あっという間に愛鳥は肥満に陥ってしまいます。

これらの脂肪分の高い種子はシードジャンキーといって、インコの依存性も高く、過食になりがちです。

インコの嗜好性を高めるために、これらの脂肪分の高い種子が過剰にブレンドされているわけです。このようなエサはできるだけ避け、もし買ってしまったときは、脂肪分の高い種子をあらかじめ取り除いてしまい、別の瓶などに分けて、おやつとして一日に数粒のみ与えると食べすぎを防げます。

アサの実は脂肪分が高く嗜好性が高いう

えに、発芽すると違法大麻が育ってしまうため、出荷前に加熱や乾燥による発芽抑止処理が行われています。

発芽抑止処理をされたアサの実は、種子としては機能しないタネであり、ほとんど栄養分もなく、もはや自然の食物とは言えないものです。

ほかに、市販の「むき餌」もアサの実と同じことがいえます。

種子の殻をすべて取り除いた状態で販売されているむき餌は、「死に餌」とも呼ばれています。

殻を種子から取り除く際に、栄養分が豊富に含まれている胚芽まで取り除いてしまっていて、殻つきのエサに比べると、栄養価に歴然とした差があります。

それだけではありません。殻を剥かれた種子は劣化しやすく、傷みも早いものです。

ではなぜ、むき餌が今なお販売されているのでしょうか。

その理由としては、小鳥が種子を食べ終わった際に出る種子の殻が周囲に飛散しないことから、清掃がラクにできるという点につきるのではないでしょうか。

あるいは、殻なしのエサのほうが、エサが減っているかどうか、ひと目でわかりやすいということもあるかもしれません。

いずれにしても、飼う側の手間を省くことだけを優先した結果、むき餌は今なお市場にあるということなのでしょう。

むき餌は本来、クチバシに異常があって皮が剥けない鳥や中雛等、ひとり餌への切り替えのわずかな期間に与える程度のものといえます。

インコたちにとっては味も食感もだいぶ異なるようで、むき餌を与えていても、殻つき餌を与えると、すぐにむき餌のほうは見向きもしなくなるものです。愛鳥の主食をシード食にするなら、必ず殻つき餌を選びましょう。

フルーツはOK？NG？

野生のオカメインコは荒涼とした砂漠のような乾燥した大地に暮らしています。

一年じゅう、甘くみずみずしいフルーツが容易に手に入る環境とは無縁の生活といえます。本来の食性とは異なるフルーツをオカメインコが喜んで食べるからといって与えすぎてしまうと、健康を害してしまいます。

どうしてもオカメインコにフルーツを与えたいなら、数日に1回、一日に食べる全体の食餌量に対して1割以下にとどめましょう。オカメインコは穀食性の鳥です。フルーツに含まれる多量の果糖を消化するための機能が、果食性や蜜食性のインコに比べてとても低いため、食べすぎてしまうと腸内細菌のバランスが崩れてしまうだけでなく、水分の摂りすぎで下痢をしてしまうこともあります。

さらにもうひとつ、フルーツを与える上での問題点として、ヒトが食べるフルーツのほとんどは、嗜好性を高めるため糖分が調整されていて、果実の自然な甘さではなくなっているという点があります。

オカメインコは目の前の食べ物が自分たちのからだにとって良いものかどうかまでは判断できません。

愛鳥の食事に関しては、飼い主さんに責任があります。

喜んで食べるからといって求められるがままに本来の食性と異なるものを与えてはいけません。愛するオカメインコの健康を守るためにも慎みたいものです。

4コマ
オカメインコ漫画！
"onedari"

『おねだり』

ちょーだい！
おやつもっと
ちょーだい♪
そんなにかわいく
おねだりされても
もうあげられないの
だって太るし鳥の
からだには毒っていうし
そう、
わかったわ！
きなこ
やったー！
今日から甘い物は
一切禁止にする！
一緒に
がんばろう！
ダイエットも
かねて
そんなあ！

オカメインコが喜ぶからだにやさしいおやつ

コンパニオンバードに与えるおやつというと、ヒマワリの種やサフラワー、えん麦といったシードのほか、ドライフルーツや果物などをチョイスしてしまいがちではないでしょうか。

しかし、面白い実験結果があります。

飼育下にあるオカメインコに対して行われた塩味、甘味、苦味、酸味を対象とした味覚実験では、苦味や酸味のきいた水よりは甘い水を好んで飲んだものの、味のついていない純粋な水以上にオカメインコが好んだ味付きの水はなかったそうです。

糖分の加えられた甘い水より、無味無臭の水を好んで飲んだという結果からうかがえてくることは、「オカメインコはフルーツを与えれば食べるものの、飼い主が思うほどには甘いものを欲していない」ということではないでしょうか。

同じ穀食性のコザクラインコやボタンインコ、セキセイインコと比較しても、オカメインコはフルーツの代謝能力が低いと考えられています。

そんなことからも、フルーツや砂糖で甘く味付けされた鳥用のおやつを日常的に与えることは控えるべきことがわかります。

また、副食である青菜や主食にもなるシードは、おやつとは別のものとして分けて考える飼い主さんが多いようなのですが、オカメインコが喜んで食べるなら、それは立派なおやつになります。

ゆでたニンジン、カボチャなどを好んで食べるなら、それをおやつにしてもよいですし、粟穂をはじめ、えん麦やそばの実もオカメインコにとってはおやつになります。

ひと手間加えたいなら、水分を含ませ種子を発芽させた芽出し餌（スプラウト）も、オカメインコが喜ぶ最高のおやつになります。梅雨から秋の時期は高温多湿になりがちなので、スプラウトは冬から春にかけての季節限定にはなってしまいますが、愛情

と栄養たっぷりの手作りおやつといえます。

作り方はとても簡単です。小鳥用に販売されている粟穂や種子混合餌をザルに入れ、流水に晒して汚れを落としてから容器に入れた水に浸し、冷蔵庫で12〜24時間ほど寝かします。

発芽を待つ間は水を毎日入れ替え、ガーゼやキッチンペーパー等をかぶせて乾燥を防いでいるうちに、やがて発芽し、食べごろを迎えます。カビが生えやすいので、発芽したら早めに与えきってしまいましょう。

発芽した種子は普通の乾いた種子よりも栄養価が高く、消化もしやすいうえ、嗜好性も高く、理想的なおやつになります。

畑やガーデニング用、猫草用などとして販売されている種子の中には、腐敗を防止し、発芽を促進するための薬品加工されているものも多いので、スプラウトには必ず小鳥のエサとして販売されている種子だけを用いてください。

甘いものだけがおやつではありません。飼い主さんの柔軟な発想で我が家のオカメインコが喜ぶ、からだにも優しいおやつを探してみましょう。

パンやごはんを与えてはいけない理由

オカメインコのように穀類を主食とする鳥を「穀食鳥」と呼びます。

穀食鳥の仲間には、セキセイインコやラブバード、文鳥やジュウシマツなどがいます。これらの鳥は、野生下ではさまざまなものを食べて暮らしていますが、フルーツは、さほど食べていないようです。

オカメインコら穀食鳥は甘いものを食べることに慣れておらず、消化管も甘いものに増殖しやすい菌類に対しての免疫力に欠けているといわれています。

ヒトが食べる甘い菓子やパン類を食べさせてしまうと、オカメインコはそれらを適切に消化することができないのです。

青米（米）は食べられますが、加熱して柔らかく炊いた白飯は水分が多い上、甘さもあるので鳥類特有の高い体温に温められ胃の中で腐敗したり、ばい菌を増殖させたりしてしまう恐れがあります。

ごはんだけではありません。えん麦をは

じめ、小麦や大麦といった麦の種子は、イネ科の種子を主食とするオカメインコにふさわしいおやつとなりますが、小麦粉も加熱するとアルファ化（糊化）し、オカメインコにとって、とても消化の難しい食べ物となってしまうのです。

これらもまた、体温の高いオカメインコの体内で腐敗し、消化できないまま体内に残留し、真菌（カビ）等の原因となります。

小麦粉を加熱して作るパンやケーキ、パスタ類もすべて穀食鳥にとってはよくない食べ物であることが分かります。

サツマイモやジャガイモも少量であれば問題ないかもしれませんが、加熱することでデンプンがアルファ化（糊化）するので注意が必要です。

その点、ニンジンは加熱してもアルファ化することはありません。カロチンが豊富で加熱すると食べやすさが増す上、さらにカロチンの吸収率が高くなります。ニンジンは加熱し、冷ましてから与えましょう。

市販のパンはどうでしょうか。原材料に目を通すと、小麦粉をはじめ塩や砂糖、動物性タンパク質であるバターや植物油から作るマーガリンなどが主な原材料となっています。そこに香料や保存料といった添加物まで添加されています。

味がついていないならオカメに与えてもOKではないかと、カン違いしてしまう飼い主さんもいるようですが、パンも、この通りヒトの嗜好性を高めるためにすでに味がつけられているので、オカメインコに与えてはいけない食べ物のひとつです。

愛鳥を長生きさせたいなら、本来の食性にあった食べ物を与え、少しでも疑問に思ったものは与えないほうがよいでしょう。

流行りに惑わされてはいけません。

小鳥のエサらしからぬものは、すべて疑ってかかり、害がないことをきちんと確認してから愛鳥に与えたいものです。

副食を与える際の注意点

シードを主食にする場合の副食の与え方について考えてみましょう。

塩土は塩と赤土を混ぜ合わせたもので、古くからコンパニオンバードの副食として利用されてきました。

崩れにくいようにケーキ状に固められているものが多いのですが、その凝固剤で下痢をする小鳥もいるようなので、硬く固められた塩土は与えないほうが無難です。

手でほぐすと簡単に割れてしまうような塩土を選びましょう。食べすぎてしまうことのないよう、主食とは分けた容器に入れて少しずつ与えます。

シードを主食にしているインコにとって、副食から摂取する塩分は生命維持に欠かせないものではありますが、何事も過ぎたるはなお及ばざるが如し、です。愛鳥がヒマに任せて塩土を一日じゅう、つついているようなことがあれば、すみやかに取り除き、週に数回、短時間限定で与えましょう。

カキの殻を砕いたボレー粉は、塩分、カルシウム、ヨウ素が含まれる副食です。アサリなどの貝殻に比べ、割れた破片が鋭利ではないことから、同じ貝殻でもオカメインコにより安全に与えることができます。

市販のボレー粉の多くは水洗いすると、ゴミや汚れが水面に浮いてきます。塩分の過剰摂取を防ぐ意味でも、水洗いしたのちに天日干しや電子レンジでよく乾燥させてから与えましょう。

ボレー粉は塩土に比べ消化されやすく、グリット（砂嚢で食べ物をすり潰すためのもの）の役割はあまり期待できないようです。

また、小鳥がボレー粉を食べすぎると、いったん腺胃（ひとつめの胃袋）で消化されたボレー粉が、再び腸の中でアルカリ化され、結石化してしまう恐れがあります。ボレー粉もオカメインコがいつでも好きなだけ食べられる状態にはしないようにしましょう。

カトルボーンはイカの甲で、カルシウムの

補給に最適です。こちらもまったく興味を示さないオカメインコもいれば、親の仇かというくらい、ガリガリと一日じゅう、執拗にかじり倒そうとするオカメまでそれぞれです。

カトルボーン自体に毒性はありませんが、かじる場所によっては大きな破片がそのままクチバシに入ってしまい、自力では消化・排泄できず腸閉塞を起こす恐れもあります。こちらも与えっぱなしにはせず、飼い主さんの目の届く範囲で与えるべき

副食といえるでしょう。

マメ科の豆苗はビタミンAも豊富で、オカメインコも好んで食べる青菜のひとつです。

副食を与える際の注意点

豆苗には雌性ホルモンに近い働きをするエストロゲンという物質が含まれているため、与えすぎてしまうと過剰な発情を促す恐れがあります。

もし愛鳥が発情抑制を必要とする状態であれば、豆苗は与えないほうが無難です。

そうはいっても、豆苗自体は栄養価の高いものですから、まったく与えないというのももったいないことです。

健康で発情に問題を抱えていないオカメインコであれば、連日のように与えるのではなく、小松菜やチンゲン菜などのほかの青菜をメインにして、たまにおやつとして少量を与える分には問題がないといえるでしょう。

豆苗に限らず、青菜がたくさんある時期にオカメインコは繁殖行動のスイッチが入りやすくなります。愛鳥の発情過多を不安に感じる時期は、青菜の与え方ひとつにも工夫をしましょう。

4コマ

オカメインコ漫画！

"Tabesugi ni cyuui"

『食べすぎに注意』

今日の青菜は豆苗ね。
豆苗はビタミンEが豊富でアンチエイジングにぴったり。
疲労回復にもいいらしいわ。
ふっ・・・
でもホルモンバランスに影響があるので食べ過ぎには要注意。

第6章

コミュニケーション

Communication

意思を尊重する

オカメインコとのふれあいは、心癒される最高のひと時です。

職場や学校でちょっとしたイヤなことがあっても家に帰ってくるとオカメインコが全身全霊を込めて帰宅を喜んでくれる――。それだけでイヤなこともどうでもよくなってくるから不思議です。

オカメインコがわたしたちにもたらしてくれる癒しのパワーは、無償の愛にほかならず、ストレートで純粋なものです。

しかし、どうでしょうか。わたしたち飼い主の側は、オカメインコに真の癒しや喜びを、日常のコミュニケーションの中で与えることはできているのでしょうか。

オカメインコの意思を尊重するということは、わたしたち飼い主側ばかりではなく、オカメインコの意思も大切にし、彼らのニーズにできるだけ応える努力を惜しまないということではないでしょうか。

オカメインコにわたしたち側の一方的な都合ばかりを押しつけてはいないか、あらためて振り返ってみましょう。

もし愛鳥の呼び鳴きが激しすぎて困っているなら、その呼び鳴きをやめさせようとする

前に、考えるべきことがあります。なぜ愛鳥がそこまで激しい呼び鳴きをするのか、ということです。

わたしたちに何か伝えたいことがあるから鳴いているのかもしれないと考えることが、問題解決への一歩となります。

オカメインコをはじめ、インコやオウムたちのコミュニケーションは大部分が鳴き声によるものです。

呼び鳴きは一般的に、仲間を呼ぶ際のコンタクトコールであるといわれています。その一方で、鳥類の大きな鳴き声や絶え間ない連続した鳴き声は、鳥自身が自分の身に危険や苦痛を感じているときに発する警告声であるとも考えられています。

鳥ではありませんが、フトオマキザルを用いた実験では、叫び声をあげるサルほど、ストレス負荷が多くかかっているという結果が明らかとなっています。

愛鳥からの異常なまでの呼び鳴き（叫び声）が絶え間なく続いているのだとしたら、相当なストレスがオカメインコにもかかっているとも考えられるわけです。

そんなときはただ寂しがっているだけだからと放置すべきではなく、そうなる前に返事のひとつも返し、一緒に暮らす仲間として心がつながっていることを伝えましょう。それが、オカメインコの自尊心を養います。

愛鳥が呼び鳴きや噛みつきといった問題行動を起こすことで、わたしたちに何を望んでいるのか、愛鳥の目線で物事をとらえ、考えてみましょう。

オカメインコが望んでいることに応えることとは、ダメ出しばかりではなく、彼らの希望にもときには沿うことです。

そうすることでオカメインコもまた、わたしたち飼い主が何を望んでいるのかを理解してくれようとするようになり、わたしたちの希望も叶えようとしてくれる――。そんな理想の関係になれるのではないでしょうか。

マナーを守る

我が家のオカメインコには、ステップアップをはじめ、物まねや口笛、一発芸など、いろんなことにチャレンジし、覚えてもらいたいと思うこともあるでしょう。

物まねや芸をオカメインコに教えること自体は、まったく悪いことではありません。

むしろ、オカメインコにとっては、飼い主さんとの絆を生かしたそれらのトレーニング（遊び）が、生きがいや楽しみになることも大いにあります。

コンパニオンバードとしてヒトの飼育下にあるオカメインコたちは、野生のオカメインコのような、同種の仲間の群れに強くこだわることはあまりありません。

そのかわり、飼い主とその家族に対しては、群れの仲間と見なし、積極的に交信を図りたいと考えているようです。

オカメインコを家族の一員として迎え入れた以上、彼らの訴えを無視するようなことはNGです。

オカメインコの気持ちを知ろうとする努力は、ケージの中にいるオカメインコに対するマナーでもあるといえます。

たとえば、オカメインコは部屋に置かれた家具ひとつにも萎縮して、パニックや叫び声をあげ続けることがあります。

そんなときは、慣れるまで待つのではなく、原因と思しき家具や置物を移動し、愛鳥の様子を確認してください。

オカメインコが本当に困っているときに助けてくれない飼い主にだけは決してならないでください。

4コマ

オカメインコ漫画！

"okame tono yakusoku"

『オカメとの約束』

噛むには必ず理由がある

オカメインコはほかの手乗り鳥に比べると、穏やかで攻撃性が問題になることは少ないコンパニオンバードです。

そうはいっても、オカメインコからの威嚇行為や噛みつきの問題で困っている飼い主さんも少なからずいるのではないでしょうか。

特に噛みつき癖は、クセとして定着してしまう前に修正したい行動のひとつです。

おとなしいはずのオカメインコが噛む理由について考えてみましょう。

オカメインコが噛む理由

❶恐怖心から
❷防衛本能から
❸大切なものを守るため（食事、ヒナ、パートナー等）
❹なわばりの主張から
❺飼い主（その家族）に対する条件づけのため
etc……。

もともと好戦的とは言い難い、臆病なはずのオカメインコが、自分より圧倒的に巨大な相手（ヒト）にも臆さず噛みつく背景には、上で述べたような理由が考えられます。

オカメインコにとって、ヒトへの攻撃は最終手段であるはずです。

同じ鳥類でもタカなどの猛禽類等とは異なり、オカメインコは、野生下では補食される側の鳥ですから、攻撃を仕かけたところで、勝算はほとんどありません。

そのことはほかの誰よりもオカメインコ自身が本能的に理解していることでしょう。

それでもなお、攻撃的な態度で挑んでくるというのは、オカメインコにとってどういう意味があるのかを考えてみましょう。

オカメインコは狭いケージの中で自分をわし掴みにしようとする人間のことをどう感じるでしょうか。

出口のない狭い部屋の中で容赦なく追いかけ回されたらどう思うでしょうか。

羽を切られ、飛んで逃げることすらままならない状況の中、力尽くで捕まえようとされたらどうでしょうか──。

オカメインコがヒトに対して噛む際には、このような危機的状況にあることが多く、飼い主さんの側にはそんな気（追い詰めようという気持ち）は、さらさらなかったとしても、オカメの側としては、このように恐怖を感じているかもしれないわけです。

❶から❸の理由は、「攻撃は最大の防御」という言葉の通り、オカメインコが自分の身や大切なもの（我が子やつがいの相手、食べ物等）に危険を感じて噛みついていると考えられるケースです。

心ない行動をとってしまったことについて、飼い主さん側がまず反省しましょう。

また、ふだんはおとなしいオカメインコが、突然、攻撃的になる場合、繁殖期で気が立っているということもあります。

その場合、一時的なものであることがほとんどです。事を荒立てず、時期が過ぎるのを静かに待つことが得策です。

その一方で、そればかりではないケースもあります。

❹の「なわばりの主張」は、メスよりはオスに多くみられる行動です。ほとんどケージの中で過ごすインコは、ケージを守るために攻撃的になることがあります。

このような場合は、ケージの場所をこまめに移す、ケージ内のレイアウトを頻繁に模様替えする、縄張りではないと思われる場所にオカメインコとケージごと出かける、といったことを実践すると効果があります。

そして、もっともやっかいなのは、❺の「飼い主（その家族）に対する条件づけ」です。

はじめは怖がって鳴き叫び、最終手段として噛んできていたはずのオカメインコが、「自分が噛むとヒトが逃げること」に気づき、最終手段ではなくて、「もっとも手っ取り早い手段」として、噛みつくという行動を定

噛むには必ず理由がある

着させてしまったというケースです。

肩や頭、お気に入りの場所から降りたくないときに、降りるようにとやってきた手に対して噛みつくことで、人の手が逃げていくことを学習してしまった結果といえます。

これはヒトのことが憎くて噛んでいるわけではなく、誤った学習の結果によるものですから、ヒトの手は怖くないもので、手の上に乗ると良いことがあると教えなおします。

噛まれてしまったときは大げさに騒いだりせず、冷静に対処しましょう。

間違ってもオカメインコを相手に、暴力で反撃に出るようなマネをしてはいけません。

たとえ小さなオカメインコでも、身近な人にされたイヤなことというのは、なかなか忘れてくれないものです。いつまでもネチネチと根に持っているからというわけではなく、危険から身を守るためには、「恐ろしいめに遭ったという経験を二度と繰り返さないために忘れない」、といういきものとしての本能によるものです。

イヤなことをする相手とオカメインコの中にインプットされてしまうと、関係の修復は困難なことになります。

噛まれないためには、どのような状況で噛まれるのかを把握し、愛鳥の噛む前の行動(からだをのけぞらす、クチバシを開けて威嚇する、フッと鼻息を荒くするなど)を見極め、愛鳥にそのような行動があったときは無理やり掴んだり下ろしたりしないといったことを心がけましょう。

4コマ

オカメインコ漫画！

"iyanakoto ha wasurenai"

『嫌なことは忘れない』

たった一度の過ちが
がぶ
痛っ！
飼い主とオカメの間に深い溝を生むことも。
コラー！
ビシッ
ギャッ
失なわれた信用を取り戻すのは容易なことではありません。
たまには遊ぼうよ
その手はキライ
体罰は絶対にやめましょう。
ダメ、ゼッタイ！

ときにはオカメインコもいじけます

　オカメインコの存在は、飼い主さんによってパートナーであったり、子どもであったり、親友であったりとさまざまです。

　互いに心の通い合った深い関係を望んで、オカメインコをお迎えした方も少なくないのではないでしょうか。

　オカメインコは鳥類ですから、わたしたちヒトが真の婚姻関係や親子関係を結ぶことはできません。それでも、オカメインコは、飼い主さんを「パートナー」、その家族を「群れの仲間」として認めるようになることがあります。

　そんな良好な関係の中、パートナーであるはずの飼い主さんが、突然、遊んでくれなくなったり、家族がまったく見向きもしてくれなくなってしまったらどうでしょうか。オカメインコは飼い主さんや家族の注目をひきたくて、とんでもない行動に出てしまうことがあります。

　あるいは、飼い主さんの行為に深く傷ついて絶望し、強いストレスからほかの行為で自分を慰めようとするかもしれません。それがときには毛引きや自咬症といった問題行動として現れるわけです。

　はじめからオカメインコと飼い主さんがクールな関係であったなら、オカメインコだって、それほどまでに気に病むこともないのです。一度は互いに気持ちを寄せ合った仲だからこそ、飼い主さんの態度の変化は、オカメインコには理解しがたく、悲しみを与えてしまうのです。

　オカメインコは仲間と群れで生活していた名残りもあり、何より孤独を嫌ういきものです。エサと水さえ与えていればそれでよいと考えてはいけません。

　オカメインコはたいへん繊細な小鳥です。寂しさのあまり深くいじけさせてしまうことのないよう、日頃から出来る限り心を配りたいものです。

4コマ

オカメインコ漫画!

"kyuuinryoku"

『吸引力』

飼育するなら男のコ？ 女のコ？

よく馴れた手乗りに育てようとヒナからオカメインコをお迎えする方が増えていますが、ヒナの段階でオカメインコの雌雄がわかっているというケースはまだ少ないかもしれません。

成長していく中で、女のコかな？ それとも男のコかな？ と、性別による特徴に照らし合わせて考え、はじめての換羽が終わった頃に頭部の色、羽の模様、発情によるディスプレー行動を見て、オスかメスかが分かるといった流れが一般的ではないでしょうか。

雌雄がわかると、動物病院での診察もスムーズになります。

遺伝的に雌雄が判明しているケースを除き、ヒナの雌雄を選ぶのは難しいですが、男のコと女のコの特徴について考えてみましょう。

★オス

＊羽色がメスより全体的に華やかな印象。
＊鳴き声はよく通り、バリエーションも豊富。
＊飼い主とのコミュニケーションに積極的。
＊呼び鳴きが多い。
＊ことばを覚えやすい。
＊縄張り意識が高い。
＊孤独に弱い。

★メス

＊鳴き声はオスより静かめ。
＊オスより保守的（内向的）。
＊マイペース。
＊オスに比べ、孤独を苦にしない。
＊呼び鳴きは少なめ。

性別により、これから罹る病気の傾向はわかりますが、性別だけで個々のオカメインコの性格まではわかりません。

コンパニオンバードとして長く一緒に暮らすことを考えると、お迎えするヒナの性別にこだわるよりは、好奇心が旺盛で、ひとの手を怖がらず、コミュニケーションに積極的なヒナ、そして何より病気とは無縁そうな元気なヒナを選びたいところです。

4コマ

オカメインコ漫画！

"otokonoko? onnanoko?"

『男のコ？女のコ？』

元気いっぱい、甘えん坊の男の子
あっそぼー！
ピュルルルルー♪
マイペースで落ち着きのある女子
でさ～
えー
そうなの？
みんな出ておいで～
バッ
さあ、あなたはどちらがお好み？
4 ♂
3 ♂
ビヤー
2 ♀
1 ♀

1羽で飼うメリット・デメリット

オカメインコを1羽だけで飼育する場合の良い点と悪い点を考えてみましょう。

オカメインコに限ったことではありませんが、ヒナのうちから1羽だけを大切に飼育すると、飼育初心者でもベタ馴れに育てやすいものです。

物まねにも積極的で動画サイトを賑わすような手乗りインコに育てることも決して不可能ではありません。

ほかの鳥に気を取られなくて済む分、ケガや体調不良にもいち早く気づくことができます。

集合住宅の中でも、あまり壁が厚くない家やアパートに住んでいる場合は、鳴き声の問題もあります。オカメインコは1羽でもそれなりに遠くまで鳴き声が響きますので、それ以上、増やすのは難しいかもしれません。

1羽で飼うデメリットとしては、飼い主さんやその家族が不在のときや、飼い主さんや家族が家にいたとしても、かまってもらえないと寂しがってしまい、毛引きなどの問題行動に移りやすいということでしょうか。

飼い主さんが外泊するようなときも、1羽で留守番するよりは、たとえケージが分かれていたとしても、ほかにもう1羽いるだけで、オカメインコとしては心強さがずいぶん異なるようです。

もし、日頃から飼い主さんが外出がちで留守番の時間が長い、あるいは外泊の機会が頻繁であるようなら、1羽、かわいいオカメインコのためにルームメイトを増やしてあげることもおすすめです。

ほかにも、そのオカメインコにとっては飼い主さんがつがいのパートナーになってしまい、ほかの家族に攻撃的になる、やきもちをやいてなつかないということもあるかもしれません。そんなときはほかの家族にお世話をしてもらうようにしましょう。

4コマ

オカメインコ漫画!

"Bocchi ha nigate"

『ぼっちは苦手』

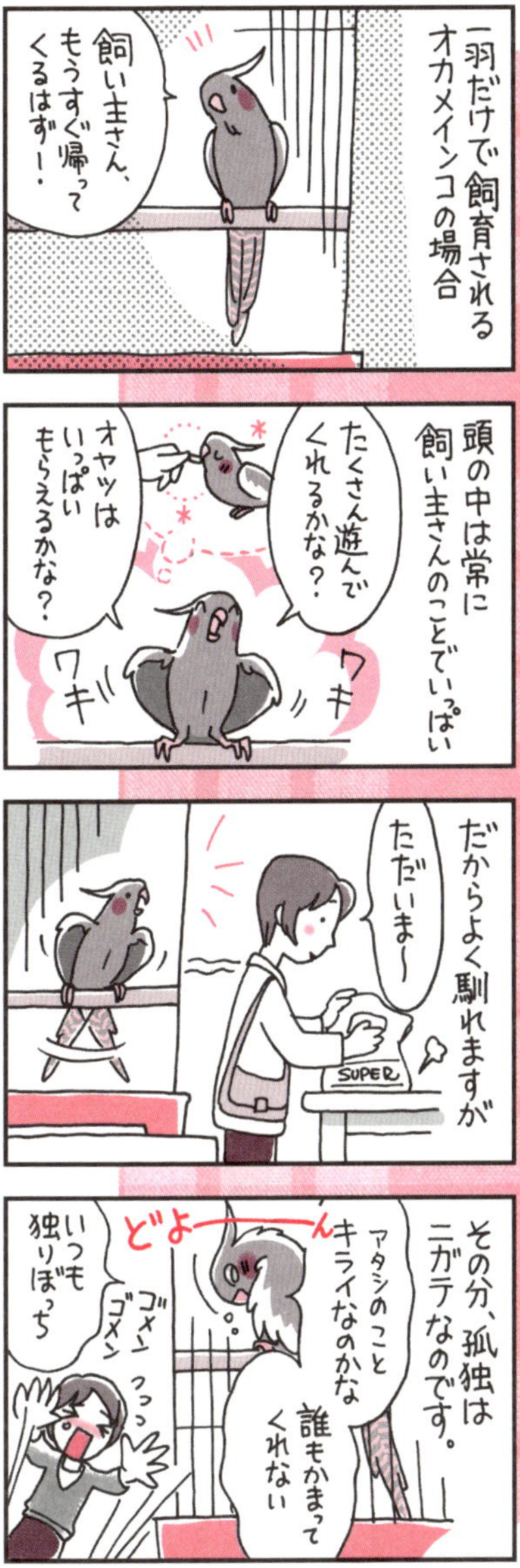
一羽だけで飼育されるオカメインコの場合
飼い主さん、もうすぐ帰ってくるはず!
頭の中は常に飼い主さんのことでいっぱい
たくさん遊んでくれるかな?
オヤツはいっぱいもらえるかな?
ワキ
ワキ
だからよく馴れますが
ただいま~
SUPER
その分、孤独はニガテなのです。
アタシのことキライなのかな
誰もかまってくれない
どよーーーん
いつも独りぼっち
ゴメンゴメン

複数羽で飼うメリット・デメリット

オカメインコの飼い主さんには、1羽お迎えしたら想像以上のかわいらしさで、もう1羽、またもう1羽と増やしてしまう方も多いようです。

　オカメインコ同士で縄張りをめぐって激しくケンカするといったことも他のインコに比べると少ないことから、オカメインコは複数飼育をしやすい鳥種であるといえるでしょう。

　それに、オカメインコは巣引きをはじめて、オカメインコ同士でつがいになった後も、愛らしい手乗りのままでいることも珍しくはなく、子育て中、ヒナの様子を嫌がらずに見せてくれるコもいます。

　また、たとえケージが分かれていたとしても、ケージ越しに鳥同士の会話が楽しめることからか、複数羽で飼育されているオカメインコに毛引きは少ないようです。

　デメリットをあげるとするなら、オカメの数が増えただけ世話がたいへんになること、今まで以上に感染症予防をしなくてはいけないことなどでしょうか。

　あと、愛鳥にとって飼い主さん以外に仲間ができてしまうことから、手乗り度はやや落ちることも覚悟しなくてはいけませんし、先住のオカメにとって、友だちどころか、新しい鳥が大好きな飼い主さんをめぐる恋敵になってしまい、険悪な雰囲気になることもときにはあります。

　このように新たにやってくるコと先住のオカメインコが仲良くできるとは限りません。相性が合わず、同じケージでの同居が難しい場合はケージが増えることも覚悟の上でお迎えしたいものです。

4コマ
オカメインコ漫画！
"Anokoro ha yokatta"

『あの頃はよかった』

オカメインコの反抗期

オカメインコを長きにわたって上手に飼育するためには、オカメインコのライフステージを理解することも大切です。

具体的には、ヒナの時期に始まり、幼鳥期、性成熟期、老鳥期の４段階に分けられますが、この中でももっとも長い時期は性成熟期であるといえます。

性成熟期には、子孫を残すという本能から縄張りを主張したり攻撃的になったりしがちのため、飼い主さんとしては、「愛鳥が突然、反抗的になった」と心配になってしまうこともあるでしょう。

なかでも、繁殖のために欠かせない食料や水がふんだんにある春の時期には、繁殖のスイッチが入って、突然、ケージから出たがらなくなったり、ケージに手を入れると噛みつくようなことがあります。

言い換えると、「コンパニオンバードとして生きるオカメインコがもっとも従順で飼いやすい時期は、幼鳥期についで老鳥期であるといえるでしょう。

性成熟期には、つがいの相手はもちろんのこと、ほかの鳥に対しても攻撃的になることもあるので、オカメインコといえど鳥同士によるケガには充分、気を付けましょう。

広大な大地の中を自由に飛翔できる野生下では大ケガになるようなことはありませんが、狭く限られたケージの中では、弱い鳥がケガを負う、エサにありつけないといった生命に関わる危機的なことも起こりうるので、注意が必要です。

愛鳥に反抗的な態度をとられたときに、今まで通りの関係（服従）を強制しようとして、無理に抑え込んでカキカキするといったことは言語道断です。

へんに関係をこじらせてしまうよりは、オカメインコの意思を尊重しているうちに、またもとの穏やかな鳥さんに戻ることを信じて気長に待つのが得策ではないでしょうか。

4コマ
オカメインコ漫画！
"Hankouki"

『反抗期』

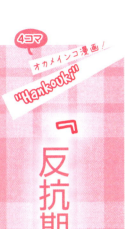

Okame Inko

COLUMN

ボディランゲージから気持ちを読み解く

日頃のオカメインコの動きや表情をじっくりと観察し、愛鳥の今の気分を読みとれるようになりましょう。

- いかり肩のように翼を浮かせ気味にする
- 止まり木や机の上を行ったり来たりする
- 翼を上下にアップダウンする
- からだを左右にゆする
- ケージに飛びつく
- 頭を上下にふる

→ “嬉しい、かまって欲しい”

- よく通る声で元気にさえずる、水浴びをする

→ “体調が良くごきげん”

- 尾羽を拡げる

→ “縄張りの誇示、求愛行動”

- クチバシを擦り合わせて音を立てる

→ “満足している、眠りにつく前のグルーミング”

●クチバシをカチカチ鳴らす

→ "挨拶、警鐘"

●その場でゆっくり足踏みをする

→ "縄張りを守ろうとしている"

●叫ぶような鳴き声をあげる

→ "分離不安、警戒（来客や騒音など）"

●翼部（腋の下）を腹部から浮かせるようにしている
●クチバシが半開き
●呼吸があらい
●日陰を探し、水の側や隅のほうにいる

→ "暑いと感じている"

●脚の先まで羽毛で覆っている
●全身の羽毛を立てて膨らんでいる
●片脚立ちをしている
●頭部を後ろに向けて羽毛の中に入れている

→ "寒いと感じている"

●姿勢を低くし、クチバシを開けて後ずさりする

→ "怖がっている"

Okame Inko

COLUMN

●冠羽が立ち、瞳孔が収縮している

●羽毛を逆立てている・または広げている

●クチバシを大きく開けて向かってくる

→“興奮・縄張りの主張、怒り、恐怖”

●羽繕いをしている

→“安全で気分が落ち着いている”

●羽毛をふんわりさせ、目を閉じている

●グジュグジュとつぶやいている

●脚を羽毛で覆っている

→“眠っている、眠りに入るための準備をしている”

●翼を伸ばす、あくびをする

→“気分転換するとき、眠りから醒めるとき”

- 尾羽を横に広げる（オス）
- エサを吐きもどす（オス）
- 羽毛を逆立てる（オス）
- コツコツと止まり木やおもちゃを叩く（オス）
- お尻をすりつける（オス）

→“オスの求愛行動”

- 低姿勢で翼を広げる（メス）
- 背部を反らす（メス）

→“メスの求愛行動”

- 頭部の片側を音や声のする方向に傾けてじっとしている
- 静かに瞳孔を収縮させている

→“集中している”

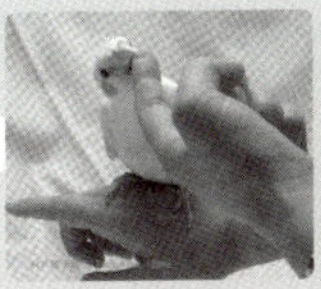

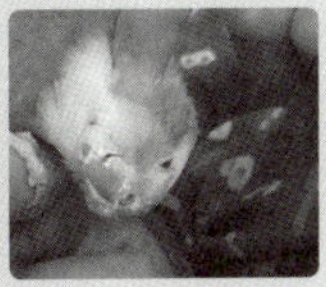

- 羽毛を軽く逆立て、首をかしげる
- 甘噛みをする
- 手の平や指、頬にからだを預けてくる

→“かまって欲しい、甘えたい”

- 冠羽を立てからだに羽毛をピタっとつける、目を白黒させている、慌てて飛び立つ、ギャッと鳴く

→“恐怖を感じて逃げだそうとしている”

※ボディランゲージにも個体差があり、オカメインコのしぐさや表情にも個性があります。うちのコの行動やいつもの様子などから総合的に、今の気分を判断しましょう。

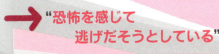

第7章

オカメインコと遊ぶ

Okameinko to asobu

オカメインコにとっての遊びとおもちゃ

コンパニオンバードとして暮らすオカメインコに、遊びは欠かせません。

彼らは本来、大空を自由に翔けめぐることができる鳥の仲間であり、狭いケージでの暮らしに心から満足しているというコは、おそらくいないはずです。

おもちゃはそんなオカメインコの知的好奇心を刺激し、ときには募るイライラをも解消し、飼い主さんとの関係を強化することもできる、素晴らしいコミュニケーションツールになります。利用しない手はないでしょう。

鳥のおもちゃといっても、これといって難しく考える必要はありません。ペットボトルのフタひとつでも、ちょっと転がしてみてオカメインコが興味さえ示せば、立派なおもちゃに早変わりします。

オカメインコのクチバシでもくわえやすいサイズのボタン、リモコンのラバースイッチさえも、その触感がすっかりオカメに気に入られてしまい、困った経験がある飼い主さんも多いのではないでしょうか。
ブランコやバードジムのように、オカメインコが止まることができる大型のおもちゃは、遊びだけでなく、そこに乗って居眠りしたり、景色を楽しんだりと、気分転換できる「もうひとつの居場所」になります。
市販のバードトイの中には、カラフルで楽しいものがたくさんあります。
安全第一でオカメインコが夢中になれるおもちゃを探してみましょう。

4コマ
オカメインコ漫画!
"omamagoto"

『おままごと』

まず、食器を並べます
お客様をお迎えします
ようこそいらっしゃいませ
おじゃましまーす
あとはお客様のお気に召すまま
ワーイ!
ねぇ、もう一回いい?!
はいはい今並べるから
こうして密やかな愉しみが繰り返されるのでした。

ライフステージにあった遊びでこころの成長を促す

オカメインコの心とからだは、日々成長していきます。より豊かな心を育てるために、遊びかたについて考えてみましょう。

まず、さし餌を食べている頃のヒナは、遊ぶ心の余裕はまだありません。

布やケージの隅、暗闇に潜り込もうとするようであれば、遊ぶには早すぎます。粟穂や青菜などを遊び食べさせる程度にして、本格的な遊びへのお誘いは、もう少し後のお楽しみにしましょう。

羽ばたきの練習を始める頃になったら、白湯や薄めに溶いたパウダーフードを、よく洗浄した点眼容器やスポイトから飲む練習などをしておくと、薬を飲ませる必要があるときに役に立ちます。

巣立ちを迎えた頃の若鳥は、社会性が育まれる大事な時期を過ごしています。

しっかりと自分の意思を伝えるようになるので、わがままや反抗的な態度のようにも見えるかもしれませんが、それも愛鳥の精神的自立には欠かせない大切なものです。

何より飛ぶことが楽しい時期ですので、少し離れたところから声をかけて、遊びながら呼び戻しの練習をはじめてみましょう。

水浴びもこの時期に放鳥中、遊びながら教えておきたいことのひとつです。

1歳を過ぎたオカメインコは、性成熟した立派な成鳥です。

群れの一員として仲間と過ごし、大好きなパートナーとの精神的な深い結びつきを求めるようになります。

毎日のふれあいのときに、ちょっとした物まねや芸を教えるとよく覚える時期です。

物まねや芸は、飼い主さんとのコミュニケーションを楽しみながら、オカメインコ自身の知的好奇心を満足させるたいへん刺激的な遊びになります。

遊びを通じて、愛鳥の心とからだの発達を促しましょう。

4コマ オカメインコ漫画!

"Jidori"

『自撮り』

安全なおもちゃの選びかた

オカメインコがケージの中で遊ぶおもちゃは、放鳥時とは異なり、飼い主さんの目が届かない時間帯にも使われることになります。そのため、なにより安全性を第一に選ぶ必要があります。

おもちゃを選ぶときに、もしケージの中でおもちゃによるトラブルが起こるとしたら、どんな事故が起こるかといったことをイメージしてみるとよいでしょう。

たとえば、齧っているうちに付属の部品がバラバラになってクチバシの中に入ったりしないか、おもちゃの金具がオカメインコの足環にひっかかってしまうことがないかといったことです。

自然素材のおもちゃは、硬質なプラスチックや金属とは異なり、かじると簡単に破片が落ちてしまうことがありますが、このようなおもちゃを選ぶときは、オカメインコの口の中に入っても問題がない素材であるかが重要なチェックポイントとなります。

また、素材自体はおもちゃとして害のないものであったとしても、そこにニスやペンキ塗装などが施されているようなものや、かじった破片が鋭利で体内を傷つけるような恐れのあるものは、小鳥用のおもちゃとしては不向きです。

セキセイインコやフィンチ用に開発された小型鳥用のおもちゃの中には、からだの大きなオカメインコに与えるには部品が細かすぎるものや、耐久性に乏しいものもあるようです。

本来であれば、耐久性や素材の安全性はメーカー側が考慮すべき点ではありますが、バードトイは人間の赤ちゃんの玩具ほどこまやかな配慮はされていない状況です。

オカメインコの親代わりでもある飼い主さんの目で、ケージの中で小鳥に与えるおもちゃとして安全性に問題はないか、しっかりチェックしてから購入することをおすすめします。

4コマ
オカメインコ漫画！
"omocha ha hitsuyou"

『おもちゃは必要』

オカメにおもちゃは必要です。
おもちゃがないと…
水浴び！
エサ浴び！
羽抜き！
ブチッ
ブチッ
刺激的〜
こういった問題行動を避ける意味でもおもちゃは必要です。
ハイハイハイ
新しいおもちゃですよ
やったー！♪

こんなおもちゃは逆効果

オカメインコにおもちゃは欠かせないものです。しかし、おもちゃの中には、犬猫やヒトの赤ちゃんには安全に遊べても、インコには与えてはいけないものもあります。

たとえば、ぬいぐるみなどで、パイル地等の毛足が長いつくりのものは、オカメインコが繊細な脚をひっかけてしまうおそれがあります。

また、羽毛をイメージさせるふわふわとした触感は、巣材やつがいのパートナーをイメージさせてしまうことがあるので、発情抑制が必要なオカメインコには不向きです。また、鏡にも同じことがいえます。

それ以外にも、飼い主さんから見て良いおもちゃであったとしても、オカメインコのバードビューから見ると、自分の存在を脅かす、得体の知れない不気味な化け物に見えてしまえば、いくら飼い主さんが気に入ったところで、愛鳥に遊ばせることはあきらめるほかありません。

拾ってきた自然木をおもちゃにするのもちょっと待ってください。

山や公園で拾ってきた木の枝は、駆虫剤や虫がついていたり、カビが生えていたりすることがあります。それに、葉がついていないと分かりづらいですが、桜や藤の木のように毒性のある木の枝も落ちています。

まず、それがなんという木の枝かを調べ、安全性が確認できたらよく洗って、しっかり乾燥させてから利用しましょう。

庭木用や観葉植物として販売されている植木は、すでに駆虫薬が塗布されていることも多いようです。

オカメインコが薬品の噴霧《ふんむ》された葉や樹皮をかじれば、健康を損なう危険もあります。購入から3年経つまでは、観葉植物も慎重に管理したいところです。

安全性とオカメビューで、からだにも心にも優しいおもちゃを選びましょう。

4コマ
オカメインコ漫画!
"Noroi no yakata"

『呪いの館』

手軽に楽しく！リサイクルおもちゃ

市販のバードトイを参考に、家にある不用品でリサイクルおもちゃを作ってみましょう。愛情いっぱいの飼い主さんの手作りおもちゃは愛鳥もきっと喜んでくれるはずです。

オカメインコ用のおもちゃを作る上で、いくつかの注意点と約束事があります。

素材や材料を選ぶ上でのチェックポイント

＊先端や角が尖ってはいるところはないか？
＊表面がささくれ立っていたり、趾《あしゆび》がはまるような穴が開いてはいないか？
＊ロープやヒモが必要以上に長くないか？ほつれやすくはないか？
＊オカメインコのクチバシに入ってしまうような小部品はないか？
＊取り外しや洗浄が簡単にできるか？

＊材料や接着剤、塗料が有毒ではないか？

部品を組み合わせるときには、テープや接着剤は使わないようにし、どうしても接着剤を使いたいときは、グルーガンでホットメルト接着をしましょう。

ホットメルトには有機溶剤は含まれておらず、食品容器やシール材にも使用されている安全性の高いものですが、誤ってオカメがその塊を飲み込まないよう、クチバシの届かないところのみに利用するようにします。

材料に使う部品として、プラスチックやアクリル製のものは問題ありませんが、塩化ビニール製のものはダイオキシンの心配があるため、使用できません。

段ボールはカットしやすく、工作しやすい素材のひとつですが、オカメインコがかじった段ボールの破片を飲み込んでしまうようなことがあれば、窒息の恐れがあるので使用しないほうが無難です。

手作りおもちゃで遊ばせる上で守って欲しいこと

*壊れたらすぐに外す
*飽きたらほかのものに交換する
*遊ばないときは潔く諦める
*オカメインコへの配慮を忘れない

手作りおもちゃは飼い主さんも思い入れが深くなり、壊れてもそのまま遊ばせようとしてしまったり、オカメが興味を示さなくてもそのままケージの中に飾ったままになりがちです。しかし、かわいいオカメインコのことを思えば、危険なものや邪魔なものは潔く外すべきではないでしょうか。

よく洗った牛乳パックやアイスの使い捨てスプーン、赤ちゃん用のビーズや、海岸で拾った思い出の貝殻、もう着る予定のないお気に入りの洋服についていたボタンなどを組み合わせて、世界にひとつの手作りおもちゃにチャレンジしてみませんか。

読者写真館

Cockatiels PHOTO BOOK

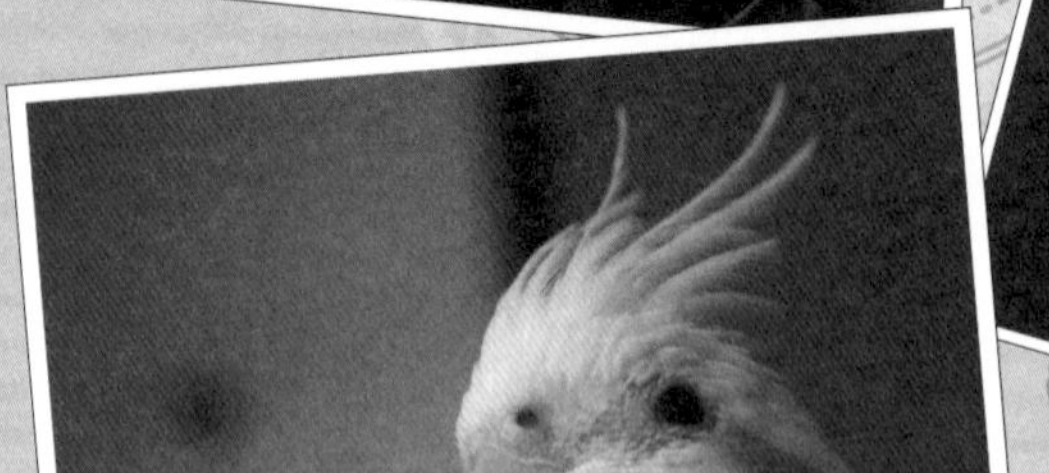

可愛く撮ってね

筋トレ中！

仲良くしてね

ドレミがなかなか
覚えられない……

キリリと
おすまし

ばっちり
カメラ目線

お友達になって
くれる？
ごめん、
ちょっと考えさせて

若いもんには
まだまだ
負けはせん！

Don't Disturb

第8章

トラブルQ&A

Trouble Q & A

なつかない

「ペットショップから、生後3か月のオカメインコをお迎えしました。1か月が経ちますが、いまだになつかず、ケージから出すときも戻すときもたいへんです。手乗りに向いていないのでしょうか。」

A 長期戦の構えで

巣立ちまで親鳥が育てたということであればともかく、さし餌で育てられた4か月のオカメインコということですから、これからでも充分間に合うはずです。このコと接する上で気を付けたいポイントとしては、「こちらから追うのではなく、追わせるように仕向けること」。

逃げるから追いかけ回すというのでは、心の距離が開くばかりで悪循環です。

無理にケージから出すことはやめて、ケージ越しのコミュニケーションから再出発してみましょう。

手に乗らないからといってわし掴みにしてはいけません。まずは安心してもらえるよう、ケージの金網越しにおやつを渡し、手が敵ではないことを教えてください。

そうやって手を怖がらなくなったら、そこで再び放鳥デビューです。ケージの外に出てきたら、ゆったりと見守って、楽しい時間を満喫してもらいましょう。

信頼関係の回復が鍵となります。

トラブルQ&A

頭にばかり乗りたがる

「2歳のオカメインコは、指に止まることを嫌い、人の頭の上ばかりに乗りたがります。手に乗るよう促すと、指を噛まれてしまいます。なぜ頭の上ばかりに乗るのでしょうか。」

A 頭より乗り心地のよい場所を教える

オカメインコはセキセイインコやラブバードよりからだが大きいことから、指は止まりづらいということもあるようです。

そこで、安定感のある足場として、人の頭頂部に止まることを覚えてしまいがちです。鳥ですから、そもそも高いところが好きなので、放っておけば、頭の上にしか乗らなくなってしまうこともあります。

愛鳥が頭に乗ってしまったら、しゃがむか軽く頭を揺らすかして、そこから降りるように促しましょう。

手で振り払おうとすると、噛むようになるだけでなく、手を怖がるインコになってしまうので、手はあくまで最終手段として、なるべく使わないでください。

指や腕に乗せるときは目線ほどの高さまであげて、しっかり水平に構えます。オカメインコも足場が不安定なところには止まりたがりません。

しつこく頭に止まるようならすぐにケージに戻し、指や腕に上手に乗れたら、おやつをあげて、指や腕に止まると良いことが起こると覚えさせましょう。

ケージから出てこない

「5歳になるオカメインコがケージの外に出るのを嫌がるようになりました。ケージの中で指には止まりますが、出入口の前で指から降りて乗車拒否します。何が気に入らないのでしょうか。」

A 原因を探ってみる

手には乗るのに、ケージからは出たがらないということは、オカメインコなりの理由がきっとあるはずです。

たとえば、ケージの出入り口が小さすぎて翼がつかえてしまったことはありませんか。

クリッピング等で飛べない状態で、怖い思い（落下など）をさせてしまったことはありませんか。

ケージの外に出すとき、投薬や爪切り、クリッピングなど、オカメインコにとって恐怖体験ばかりさせていませんか。

ほかにも自分のテリトリーを荒らされては困るとばかりに、頑なにケージから出ることを拒むインコもいます。

愛鳥がどのような事情でケージの外に出たがらないのかを探り、問題があれば解消しましょう。縄張り意識を低下させたいときは、ケージごと外に連れ出すか、ケージの場所を移すと効果的です。少しずつケージの外は楽しい場所であることを愛鳥に教えてください。

4コマ

オカメインコ漫画！

"Amakami? honkikami?"

『甘噛み？本気噛み？』

呼び鳴きが激しすぎる

「3歳になるオカメインコの呼び鳴きが激しすぎます。仕事で帰宅が遅くなると、大きな声で呼び鳴きをはじめるので近所迷惑ではないかも心配です。
激しく呼び鳴きされるのがイヤで、居留守をしてしまう自分がいます……。」

A 事情にあった対応を

夜、飼い主さんの帰りを今か今かと待っていたオカメインコが、大きな声で「おかえり」とばかりに呼び鳴きを始めてしまい、困っているというご相談です。

コンパニオンバードは飼い主の姿が見えないと呼び戻そうとして呼び鳴きがはじまりますが、そこで反応が得られないと、さらに悲痛な叫び声であげて、仲間からの返事を求め続けることがあります。

大きな鳴き声が迷惑で困るのであれば、一時的に暗くするか防音効果の高いアクリルケースに入れるという手もありますが、物まねを教えて、その声で徹底して返答するようにすれば、鳴き声のボリュームも少しは抑えられるはずです。

また、分離不安のコンパニオンバードにしないために、オカメインコが幼いうちから飼い主さんが呼び鳴きに振り回されないことも大切です。

4コマ

オカメインコ漫画！

"Yobinaki no riyuu"

『呼び鳴きの理由』

呼び鳴きの理由は一つではありません。
1. かまって欲しい
2. おなかが空いた
3. 周囲がうるさい
etc.
エサ入れにエサが入ってなかったんですぅ
ババぬき地蔵
ウチは水が汚れていたことがあって
隣のインコがうるさくて
ギャー
無視する前に問題が起こってないかを確認しましょう。

人前でお尻をこすりつけてくる

「オスのオカメインコを飼育して4年になります。どこでも触らせてくれるかわいいオカメですが、人前でもお尻を手にこすりつけてきたりします。最近は吐き戻しもすごいので異常ではないかと心配です。」

A 一線を引いた付き合いにシフトする

飼い主さんがからだに触れることを嫌がらないということなので、愛鳥につがいの相手として認識されている可能性が大です。

性成熟したインコにとって、大好きな飼い主さんからのからだへの接触は求愛行動の一種にほかなりません。触られれば性的な興奮を覚え、やめるどころかエスカレートするばかりです。

飼い主さんに対しての食べ物の吐出も頻繁にあるということですから、このままだと衰弱してしまう恐れもあります。

まずはオカメインコへのからだの接触を極力控え、さらに食事量を調整するなどして、過剰な発情を抑える必要もありそうです。もう1羽お迎えするのも効果的です。愛鳥を長生きさせたければ、オカメインコとのつがいのような深い関係は解消し、健全な関係を取り戻しましょう。

4コマ

オカメインコ漫画！

"Uchi no baai ha…"

『うちの場合は……』

午後2時から3時は鳥たちが活発に活動する時間…
しーーーん…
なのにウチのコときたら…
ZZZ…
うとうと
爆睡中であります!!
遅くに帰る主を持つ鳥さんは…
カチャ…
ただいまぁーー♪
おまたせー

オカメパニックにうんざり

「珍しいといわれる品種のオカメインコをお迎えしました。オカメパニックをしょっちゅう起こします。ほかのオカメインコたちまで巻き込んだ大騒動になるので、このコには困ってしまいます。」

A まずは原因を究明することから

オカメインコの品種の中には、特にオカメパニックを起こしやすいといわれている品種がいくつかあり、遺伝的な要素も関係しているのではないかと考えられていますが、因果関係はまだ明らかではありません。

赤目やぶどう目のオカメインコの場合、視力的な問題から夜、パニックを起こしやすいという説もあります。

ほかのオカメへの影響を最小限にするには、ケージや部屋を分けるのが一番です。

オカメインコは夜にパニックを起こしやすいので、不安を感じやすいオカメインコは、いつものおもちゃがからだの一部に触れただけでもパニックを起こします。ケージを一回り大きくすると、パニックの際のケガを防げると同時に、パニックの原因も減らすことができます。夜の間も、愛鳥が落ち着いて過ごせる環境を作りましょう。

居場所がここしかないョー

4コマ
オカメインコ漫画！
"Seikaku na yochiki"

『正確な予知機』

ケージに戻りたがらない

「2歳になるオカメインコがケージに戻りたがりません。戻そうとすると必死になって逃げ回り、疲れ果てて墜落したところで強制帰還というパターンがほとんどです。ケージに戻すコツを教えてください。」

A 放鳥場所と放鳥タイムを工夫する

放鳥タイムが長すぎると、ケージではなく部屋の中全体がオカメインコの縄張りと化してしまい、ケージに戻ることを頑なに拒むことがあります。

あくまでケージが自分の家であることを教えなくてはいけません。安全性の面からも、愛鳥をだらだらと部屋に出しっぱなしにするのはやめましょう。

信頼関係を保つためにも、オカメインコを追いかけ回すようなことはよくないので、上手にケージに戻れるようになるまでは、放鳥は飼い主さんの手の届かない場所があまりない部屋で行うようにします。

放鳥する時間帯を選ぶことも大切です。たとえば朝、まだ朝食前でおなかが空いている時間に放鳥し、好きなように遊ばせた後に新しいエサやおやつを見せると、スムーズにケージに戻ってくれるようになります。いろいろ工夫してみましょう。

んもー!!
あと10分で外出なのに

4コマ

オカメインコ漫画！

"Amai tsume"

『あまいツメ』

まったく物まねをしません

「6歳になるオカメインコですが、まったく物まねを覚えようとしません。口笛や言葉かけなどいろいろ試してみましたが、反応はさっぱりでした。できる物まねは飼っている犬の鳴き声だけです。」

A 話しかけが足りていないのかも

犬の鳴き声を真似ることができるということは、物まねに興味がないのではなくて、そもそも飼い主さんに対してあまり関心がないのかもしれません。

オカメインコは、飼い主さんの注目を集めたくて、物まねを覚えようとします。もし、その犬の鳴き声の物まねが、飼い主さんに向けて発せられているものなら、まだ望みはあります。そのオカメインコは犬の鳴き声に対して飼い主さんが敏感である（吠えるのをやめさせようとしてリアクションすること）ということに気づいて、犬の声を真似るという戦略をとっているのかもしれないからです。

だとするなら、飼い主さんの側からオカメインコへの声かけがそもそも足りていないのかもしれません。

無口な飼い主さんのインコは総じて無口に育ちます。

よく話しかける飼い主さんのインコはおしゃべりをよく覚えるものです。

4コマ

オカメインコ漫画！

"Yokonarabi ga ochitsukune"

『横並びが落ち着くね』

オカメの世界に
犬のような上下関係は
ありません。
猫のような単独行動も
好みません。
みんな
どこ？
おいて
いかないで！
オカメの世界は横並び
オカメも飼い主も
みんな仲間なのです。

特定の家族を嫌います

「うちの3歳になるオカメインコ（♀）は、夫に触れられることを極端に嫌がります。ぜったいに肩に乗ろうとしません。夫だけはどうしてもダメで、週末、家族の中に気まずい雰囲気が流れます。夫はオカメに何かしでかしたのでしょうか。」

A 行動をともにして親密度アップを狙う

臆病で知られるオカメインコですから、何か一度でも怖い目に遭わされた相手のことは、いつまでも忘れずに覚えていて近づかないということがあります。

怖い目に遭わされていなくても、一方的に毛嫌いする鳥もいるので、ご主人に疑いの目を向けるのはやめましょう。

このケースのように、鳥に毛嫌いされる原因がわからないことも多いのですが、そんなときは、オカメインコに嫌われている本人が、家以外の違う場所（動物病院や知人の家、散歩等）に連れていくことを何回か繰り返してみましょう。

インコにとって縄張りの外で交流することによって、知らない人だらけの中で唯一の知人であるその人が、頼りがいのある人に見えてきて、従順になることがあるということが数々の実験で証明されています。

4コマ
オカメインコ漫画!
"Konnahito ha nigate desu"

『こんな人はニガテです』

オカメの苦手なタイプにもいろいろあります。
乱暴な人
86
急に動く人
ピーッ
ごめんくださーい
積極的過ぎな人もちょっと苦手。
一緒に遊ぼうよ
イヤー
ヤメテー

ひとり餌になってくれません

「卵のときから孵卵器で育てたオカメインコが、孵化から2か月経ってもひとり餌に切り替わりません。いまだに3回もさし餌を食べています。発達に問題でも抱えているのでしょうか?」

A 体重を測って食事量をコントロールする

オカメインコの中には、ひとり餌になることを頑なに拒むコが少なからずいて、飼い主さんを心配させることがあります。

まず、ヒナがおなかいっぱいになるまでさし餌を与えているのであれば、それは今すぐやめましょう。

ホカホカのおいしいさし餌を大好きな飼い主さんから愛情いっぱいに貰えるうちは、ほかのエサを食べたいと思わなくても仕方がないことだからです。

ペレット食で育てるのであれば、さし餌に砕いた成鳥用のペレットを混ぜるなどして、ペレットの味に慣らします。また、さし餌をつまらなそうに無表情で与える、ぬるい状態で与える、ケージの中で与えるなどして、そのオカメインコにとってのさし餌の魅力を半減させてゆきましょう。

さし餌は成鳥にとっては水分量が多すぎます。健康のためにもなるべく固形状のエサを食べられるように仕向けましょう。

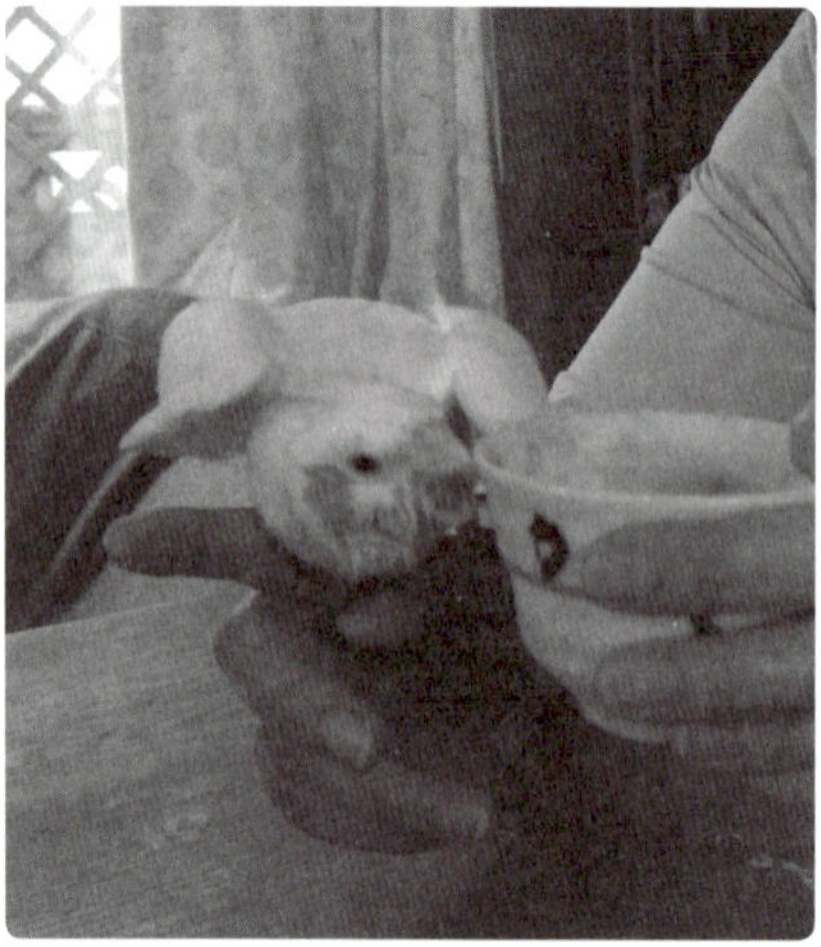

トラブルQ&A

逃がしてしまわないか心配です

「以前飼っていたオカメインコを窓の隙間から逃がしてしまいました。今飼っているコはそのようなことがないようにと注意していますが、また逃がしてしまうのではないかと心配です。」

A 家族ぐるみで脱走防止対策を

春になるとコンパニオンバードを逃がしてしまったという話が季節の風物詩のように飛び交います。一度外に飛び出してしまったオカメインコは、自分の力だけでは家に戻りたくても戻れないものですし、思わぬ事故に巻き込まれることもあります。くれぐれも気を付けてください。

放鳥するときには声を掛けあうなどして家族ぐるみで注意しましょう。

放鳥時だけでなく、窓を開けるときは網戸にすることを基本とし、小鳥は明るい方向に飛び立つ習性がありますので、放鳥の際は窓にはカーテンをひき、他の部屋は暗くしておくと脱走防止になります。

あと、オカメインコは長生きなので、いつの間にかケージが劣化して破損してしまい、留め具が外れたりして逃げ出してしまうこともあります。掃除のときにはケージの点検も忘れずに行いましょう。

第 9 章

健康と病気

Kenkou to byouki

毎日の日課とこころの関係

オカメインコの起床時間、就寝時間、エサやりや水の交換の時間は、だいたい毎日、ほぼ同じ時間帯に「いつも通り」行われるべき日課で、忙しい飼い主さんも頑張らなくてはいけないポイントのひとつです。

野生で暮らすオカメインコたちは、朝、日の出とともに起床して、食べ物や水を求めて仲間の群れと広範囲を移動し、日の入りの頃には、皆と一緒にねぐら入りをするという規則正しい生活を送っているからです。

飼い主側の都合で極端に明るい時間が長かったり、暗い時間が長かったりする日があると、睡眠や生活のリズムが乱れてイライラし、八つ当たり的に問題行動がはじまるきっかけになることがあります。

たとえケージにカバーをかけている時間が規則正しかったとしても、その横でテレビやステレオの音が流れ、家族の笑い声などが響いていれば、オカメインコの睡眠時間はその分、削られていると考えましょう。人がオカメインコのいる部屋から出ていって戻ってくるまでの時間が睡眠時間です。

コンパニオンバードとして飼育され、大空を羽ばたく機会を失ったオカメインコたちは、当たり前の行動が当たり前にとれない状況下にあります。

飼い主さんを悩ませる、過度な羽繕いや呼び鳴きはオカメインコにとって、そういった満たされない本能の代替行動のひとつであることを忘れないでください。

変化に対応できる鳥に育てる

ヒトと同様に、オカメインコも規則正しい生活を送ることが、ストレスを減らし、病気を予防します。

ただ、そうはいっても、毎日、同じお世話をたんたんと繰り返されては、オカメインコにとって退屈なばかりです。

しかも困ったことに、あまりに規則正しい生活が長いこと繰り返されてしまうと、生活の流れが少し変わっただけで、オカメインコはいつもと違うことに不安を覚え、他者によって生活を乱されたと捉えてしまい、それにストレスを感じるようになってしまいます。インコの変化への適応力が失われてしまうのです。

そこで提案です。

毎日の暮らしの中で、ちょっとしたイベントを愛鳥のために用意しましょう。

オカメインコのありきたりな日常が、飼い主さんのひと工夫で刺激的なものになります。

一例

*エサ箱を数時間だけ外してみる
*ケージの向きや置き場を変えてみる
*キャリーケースで散歩に連れ出す
*青菜をワイヤーなどで吊るして食べづらくしてみるetc……。

オカメインコもはじめは戸惑うこともあるかもしれませんが、ヒマ疲れから少し解放されます。そしてそれらの些細なトラブルに対処すべく、隠されていた本能や知能が刺激されて、ワクワクするのではないでしょうか。日常のちょっとした変化を愛鳥と楽しみながら、「いざというときの変化にも対応できる鳥」に育てましょう。

生活習慣病とメタボ予防

生活習慣病とは、その名の通り、日頃の生活習慣が発症に深く関わっている病気のことを指します。

ふだんのなにげない生活の乱れや偏りが病気の引き金になるのです。

ヒトだけでなく、コンパニオンバードも高齢化するようになり、オカメインコにも生活習慣病が当てはまる病気が昨今ではいくつか存在します。

食習慣、運動習慣、休養、ストレスなどの生活習慣が、愛鳥の生命に関わる重い病気を招いてしまうのです。

ふだんの生活習慣が原因で病気が発症・進行するわけですが、困ったことにオカメインコ自身、そして飼い主さんからみても、これといった自覚症状がないまま病気が進んでしまうのも、生活習慣病の怖いところです。

高齢になって病院通いが絶えないということにならないよう、若いうちから健康寿命を意識した生活を送らせましょう。

たとえば、ヒトの生活習慣病のひとつに高脂血症がありますが、鳥も高脂血症にかかります。

肥満やヒマワリなどの高脂肪食、持続発情、肝不全、受動喫煙などが主な原因となり、高齢の飼鳥に多く見受けられる病気のひとつです。

脂肪肝もオカメインコに多い病気です。脂肪肝を予防するためには、栄養バランスのとれた良質な食事を与えるとともに、肥満気味であれば、適度な運動や食事制限によって肥満を解消することが大切です。

ほかにも、オカメインコは糖尿病に罹ることもあります。鳥の糖尿病はまだわかっていないことも多い疾患のようですが、日頃から肥満や過剰な発情を予防することが発症を防ぐ効果があると考えられています。

また、生活習慣病だけでなく、コンパニオンバードのメタボリックシンドロームも問題になっています。

メタボとは内臓に脂肪が溜り（腹部の肥満）、高血圧や高血糖、高脂血症などの症状が一度に複数出るという、生活習慣病の予備軍のような症状を指すことばです。

オカメインコもただ「元気が良い」だけでは長生きしません。

たくさん食べて、ころころとしていてかわいらしい姿を見て、「うちのコは元気だから大丈夫」、と考えるのは早合点というものです。

この先も末永く健やかに愛鳥が暮らすことのできるよう、早いうちから生活習慣を見直しましょう。

白い粉の正体

オカメインコは脂粉の多い鳥の一種です。ケージ周辺の掃除を怠ると、ケージの周囲がたちまち白く、ホコリをかぶったように真っ白になってしまうこともあるほどです。

そのため、乳幼児のいる家庭や、アレルギー・喘息などがある人の飼育には不向きともいわれています。

オカメインコから出るこの白い粉の正体はいったい何なのでしょうか。

オカメインコの羽には主に正羽と綿羽があります。正羽は風切り羽や尾羽、雨覆羽などの羽軸のある羽です。

もうひとつの綿羽は、たんぽぽの綿毛のようにふわふわした羽軸のない羽のことで、半綿羽と粉綿羽《ふんめんう》の2種類があります。

オカメインコには、この粉綿羽という粉状の羽がとても多く、細かい粉塵となってからだから排出されます。

この粉綿羽は、パウダー状に崩れて羽に付着し、からだの防水効果を高めているといわれていますが、そのメカニズムはまだ解明されていないことも多いようです。

また、オカメインコは尾羽の付け根のあたりにある尾脂腺から出るオイルをクチバシで全身に塗りつけて羽をコーティングし、防水効果を高めています。その脂が人間のフケのように羽から剥がれ落ちたものも脂粉と呼びます。

これらの白いパウダー状の粉は特に、ホワイトフェイスルチノー（アルビノ）やルチノーなど、オカメインコの中でも白っぽい羽色の品種に多いといわれています。

このオカメインコのからだから排出される、細かい粉塵がアレルギーや喘息発作を引き起こす原因になることがあります。神経質になりすぎる必要はありませんが、こまめにケージの周囲を水拭きして、周囲を常に清潔に保ちましょう。

4コマ
オカメインコ漫画！
"Kona ha kataru"

『粉は語る』

スキンシップと発情の関係

わたしたち飼い主は、愛鳥と仲良く過ごしたい一心で、つい必要以上に濃厚なふれあいをオカメインコに求めてしまいがちではないでしょうか。

愛しいうちのコがその身を挺して全身をくまなく触らせてくれる――。

それこそがコンパニオンバードとして生きるインコの正しい飼い主への忠誠の示し方とでも考えているかのように。

そうやって後先考えずにベタベタと触れ、少しでも愛鳥が嫌がるそぶりを見せると、反抗的だとふてくされたり、愛鳥の忠誠心に疑惑を抱きたくなってしまうようなことがあるのではないでしょうか。

「もしかして、わたしのことキライになってしまったの?」と。

もっと気持ちよくしてあげるから、と、執拗にテクニックを駆使して、愛鳥をカキカキ、ナデナデ。愛するオカメインコを自分の虜《とりこ》にしてしまおうと、心の中で密かに目論んでみたりして――。

ここまでくると、DV加害者的な歪んだ発想ですが、少しは思い当るフシがある飼い主さんもいるのではないでしょうか。

オカメインコに対して「からだを撫でる」、「ハグする」、「キスをする」、「肩に乗せて頬ずりをする」といった行為は、本来、あまり行ってはいけないことです。

なぜならそれらの行為は、彼らがつがいのパートナーにだけ許す、本来、特別なスキンシップだからです。

この「やってはいけない行為」を、飼い主側が強く求め、それに愛鳥が応じるようになると、オカメインコとその飼い主さんは、傍目には誰もがうらやむ「相思相愛」のラブラブな関係に映るものです。

しかし実のところ、過発情を促し、寿命をも縮めるオカメインコにとって性的なもので結ばれたゆがんだ関係でもあるのです。愛鳥とは節度あるお付き合いを心がけましょう。

4コマ
オカメインコ漫画！
"okamainko no okameinko"

『オカマインコのオカメインコ』

最近のひよ君はどうも様子がおかしい。
パパに友情以上のものを感じているよう。
ただいま～
ピューーイ！
さあさあ、どうぞお乗りなさい
ヒヨくん…
オカメインコならぬオカマインコ化の進むひよ君なのでした。

ゆがんだ関係性を修復するには

インコがパートナー同士で羽繕いをし合う姿はたいへん微笑ましいものです。

自分もあんな風に愛鳥とベタベタの相思相愛の仲になれたらいいな、と思うことは多々あります。

しかし、実際にわたしたち飼い主がオカメインコのパートナーとして認定されてしまったら、どうでしょうか。

いろいろと困ったことが起こります。

まず、過度な発情を引き起こします。発情が頻繁だったり、発情の期間が長期化したりすると、オス・メスともにホルモンバランスが狂いはじめ、愛鳥の寿命を縮めてしまうことにもなりかねません。

また、からだだけでなく、心にも異常をきたすようになります。

飼い主さんや家族が見えないと分離不安に陥り、パートナーと一緒にいたいという欲求が満たされないと、その苛立ちから呼び鳴きや噛みつき行動が激しくなります。

さらに飼い主さんとつがいを形成したとオカメインコがカン違いした結果、ほかの鳥や家族に対して縄張りを誇示し、他者に対してケンカ腰になってしまうこともあります。

このような不本意な結果にならないために、わたしたちは愛鳥にどのように接したらよいのでしょうか。

まず、愛鳥のからだに触れることは極力、控えるようにしましょう。

頭や頬のあたりを掻くのはOKですが、それ以上の行為、たとえばインコのからだを上から撫でる、両手で包みこむ、抑え込むようにするといった行為は、繁殖行動に通じてしまうので基本的にはNGです。

目に入れても痛くないかわいいオカメインコかもしれませんが、彼らの健康を守るためには、一定の距離を保つことも大切です。共依存的な関係は解消して、誰からも愛されるオカメインコに育てましょう。

換羽期のケア

鳥の羽が生え換わることを「換羽《かんう》」あるいは「トヤ」といいます。

　鳥の羽毛が古くなると、羽がこすれて飛翔や防水性の面で機能が損なわれてしまうため、定期的に羽毛が生え換わるシステムが換羽というわけです。

　オカメインコに限らず、ほとんどの鳥は、繁殖が終わると換羽がはじまると考えられています。

　オカメインコも羽の抜け替わりの時期には、新しい羽を作り出すために栄養の必要量が増大します。

　換羽も繁殖も、鳥類のからだにとってはたいへん負担が大きく、体調を崩す一因となることがあります。

　オカメインコも換羽期には免疫力が低下して感染症に罹りやすくなったり、からだに負担がかかって病気を発症したりすることも多いようです。

　この時期に偏った栄養しか摂れないと、羽毛がいつまでも生え変わらないままであったり、生えてきた羽毛や不完全な色の羽しか生えてこず、健康的な羽に生え変わることができません。
　そのような状態になってしまうと、インコ自身も羽を気にするようになり、羽繕いに執着するようになった結果、毛引きがはじまってしまうことがあります。
　換羽期にはタンパク質の必要量が倍増します。羽の異常や毛引きの原因にならないよう、換羽期には良質なタンパク質を中心に、いつも以上にバランスのよい栄養を心がけましょう。

毛引きをする理由とその対策

鳥が自らの羽毛を引き抜く行為を「毛引き」といいます。

羽を抜いてしまう箇所は鳥種によって傾向があり、多くのコンパニオンバードは胸部を好んで引き抜くのですが、オカメインコの場合は翼の下の羽毛を引き抜いてしまう傾向があるようです。

主に毛引きでは、からだの表面を覆う正羽を抜くのですが、それでは事足らないインコやオウムもいて、その下の綿羽まで痛みに悲鳴をあげながらも引き抜いてしまう深刻なケースもあります。

このような毛引きにはいくつかの原因が考えられます。抱卵のためにメスが腹部周辺の羽毛を抜く、汚れた羽を抜くといった生理的な毛引きのほか、精神的なもの、遺伝的なもの、炎症やアレルギーによるかゆみから羽毛を抜いてしまうものなどが考えられます。

精神的な問題が原因となっている毛引きの中には、なんらかの不安や恐怖、不満といった感情が毛引きのきっかけになっていることもあります。

コンパニオンバードが抱える毛引きの原因をひとつに特定することはベテランの獣医師の先生でも難しいようです。

一度味を占めてしまうとなかなかやめられないのが毛引きのようで、一時的に首にエリザベスカラーを巻いたくらいでは毛引きが解消されるとは限りません。

常習化した毛引きをオカメインコにやめさせるためには、オカメインコの目線に立って、ストレスになる原因をなるべく取り除き、食生活の乱れや飼育環境も出来る限り改善することが大切です。

また、オカメが幼齢のうちから飼い主に極端に依存させず、愛鳥を必要以上に甘やかさず、精神的な自立を促し、ストレスにも打ち勝つことができる強い心を育てることが、毛引きの予防につながります。

4コマ
オカメインコ漫画！
"Tsuntsukutsun"

『つんつくつん』

家庭でできる応急処置

オカメインコとの長い暮らしの中で、病気やケガは避けて通れないことがあります。

緊急を要するものは、すぐに動物病院で受診をし、処置を受けることが大前提ではありますが、そのときに最善の治療を受けられるよう、家庭でできる応急処置について考えてみましょう。

やけど

患部をまず流水で冷やします。

やけどした部分に慌てて布やティッシュを当ててしまうと、皮膚がめくれてしまう恐れがあるので、患部には何も触れないようにしましょう。

やけどは後から痛みや腫れが出てきて重症化することが多いので、流水で冷やしたのちにすぐに動物病院で適切な処置を受けてください。

骨折

暴れてかえってケガをする恐れがあるので、添え木などは行わず、なるべく狭いケースにキッチンペーパーなどを詰めて愛鳥が暴れないよう、できるだけ固定した状態にしてすみやかに受診しましょう。

出血

出血した場合、出血箇所を指で5分ほど圧迫するように押さえて止血します。

深爪による出血に備え、動物用止血剤を用意しておくと安心です。

それがない場合、小麦粉や片栗粉で一時的に止血する方法もありますが、そのままにしておくと、かえって傷口にばい菌が侵入してしまうリスクが高まるので、その後、すみやかに動物病院で処置を受けてください。

風切り羽や尾羽の新生羽が折れると出血

が止まらないことがあります。

出血している羽をラジオペンチで抜いてしまうか、根元を糸で縛る止血法がありますが、暴れてケガをしたり出血をひどくする恐れがあります。その場合は無理をせず、愛鳥が大量出血しないよう、小さなケースなどに入れて動きを制限した上で、すみやかに動物病院で受診します。

誤飲

何かを誤って飲み込んだとわかったら、すぐに動物病院で処置を受けます。その際には、飲み込んだものがわかれば、それと同じものや原材料が表記されたパッケージなども持参します。異物の誤飲は飲み込んだものによっては開腹手術をすることになるかもしれないので、さし餌も含め、食べ物や飲み物は一切与えずに動物病院に連れていってください。

保温

病原菌と戦う上でも、体力を温存する上でも保温は欠かせません。

動物病院で愛鳥の病気に対する適切な治療が行われていても、保温ができていなければ効果は半減です。必ず温度計を使って適切に保温しましょう。

例外的に保温してはいけないケースは、頭部を強打したときと熱中症のときだけです。

高齢期のケア

愛鳥とともに、長く暮らしていると、老化によるゆるやかな変化になかなか気づけないものです。いつまでも若々しいオカメインコたちですが、10歳を過ぎた頃から繁殖行動も減り、中年らしく太りやすくなって羽毛にも艶がなくなり、落ち着いた風貌になってきます。

オカメインコは長生きですが、ある日突然、よぼよぼのおじいちゃん鳥やおばあちゃん鳥になるというわけではありません。

日頃の様子をよく観察し、高齢による生活への支障が生じていないかをバードビューであらためて点検してみましょう。

高齢のオカメインコは、エサの変化を嫌うようになります。

食べ慣れていたエサや青菜を変えてしまうと、戸惑い、体調を崩すことがあります。若かった頃は食欲旺盛、好奇心いっぱいでなんでも食べていたコでも、歳をとるにつれ、好奇心より慎重さのほうが目立つようになります。

高齢期にさしかかったら、健康に良さそうだからと、食べ慣れないものを無理強いするのはやめましょう。少しの絶食も命に関わります。

新たに食べさせてみたいものがあるときは、いつもの主食とは分けてチャレンジさせてみてもよいのですが、愛鳥の意思も尊重しましょう。

また、オカメインコも年を重ねるにつれ、動作がゆるやかになり、さまざまな衰えがみられるようになります。

動作など目に見えるものだけでなく、免疫力や筋力、判断力といったものも少しずつ衰えてきます。

たとえば、深いエサ箱での食餌は、筋力の弱ったオカメインコにとっては辛いものになることがあります。

それが原因で食事の量が減ってしまうのは困りますから、そんなときは、エサ箱を浅くし、ラクに食べられるように配慮します。

止まり木も高齢になると脚が扁平になってきて、握力が落ちます。止まり木に止まってはいても、ケージや床にからだを寄りかからせるようなしぐさが時折、見られるようになります。

ときには落下してしまうこともあります。

そんなときは、止まり木の位置を低くしたり、床にも止まり木を設置してみます。

ただ、急な環境の変化は、高齢鳥にとっては辛いこともあります。あるべき場所にあるものがなくなってしまうと、かえって混乱するかもしれません。愛鳥の目線で飼育環境を改善しましょう。

ペットロスについて

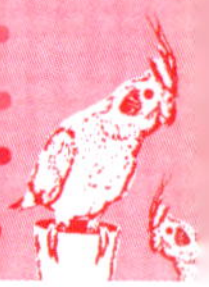

かわいがってきたオカメインコを失うことは、つらく悲しいものです。

愛鳥を若くして亡くしてしまうと、飼い主である自分を責めてしまいますし、寿命を全うしての死だったとしても、「もっとしてあげられたことがあったのでは?」と、つい自分の至らなさばかりが浮かび、自責の念に苛まれてしまうことがあります。

どうしてこれほどまでに愛鳥の死はわたしたち飼い主にとって受け入れ難いものなのでしょうか。

愛鳥が生きがいだった場合

愛鳥との絆が強すぎて、自分の生きがいになってしまっていると、愛鳥の死に加え、生きがいが失われ、心に穴の空いてしまったような損失の悲しみが襲ってきます。

愛鳥の死を話せない

近親者の死とは異なり、愛鳥の死は他人に話しづらいもの。他人から「たかが鳥が死んだくらいで」と思われるのも辛いし、愛鳥の死で落ち込んでしまっている自分が気恥ずかしく思えてきて、愛鳥の死を口にできないまま悲しみを引きずってしまうことがあります。

最終的な決断が委ねられた場合

闘病中だった愛鳥の最終的な決断が飼い主さんに任された場合、「あのときの自分の決断は正しかったのだろうか?」と、後悔が押し寄せてくることがあります。

愛鳥を失うという深い悲しみから回復するためには、悲しみを理解してくれそうな家族や友人に今の気持ちを話すことが一番です。

後悔もあるかもしれませんが、愛鳥と一緒に過ごした日々に感謝することが、何よりの供養になるのではないでしょうか。

4コマ
オカメインコ漫画！

"Pet loss"
『ペットロス』

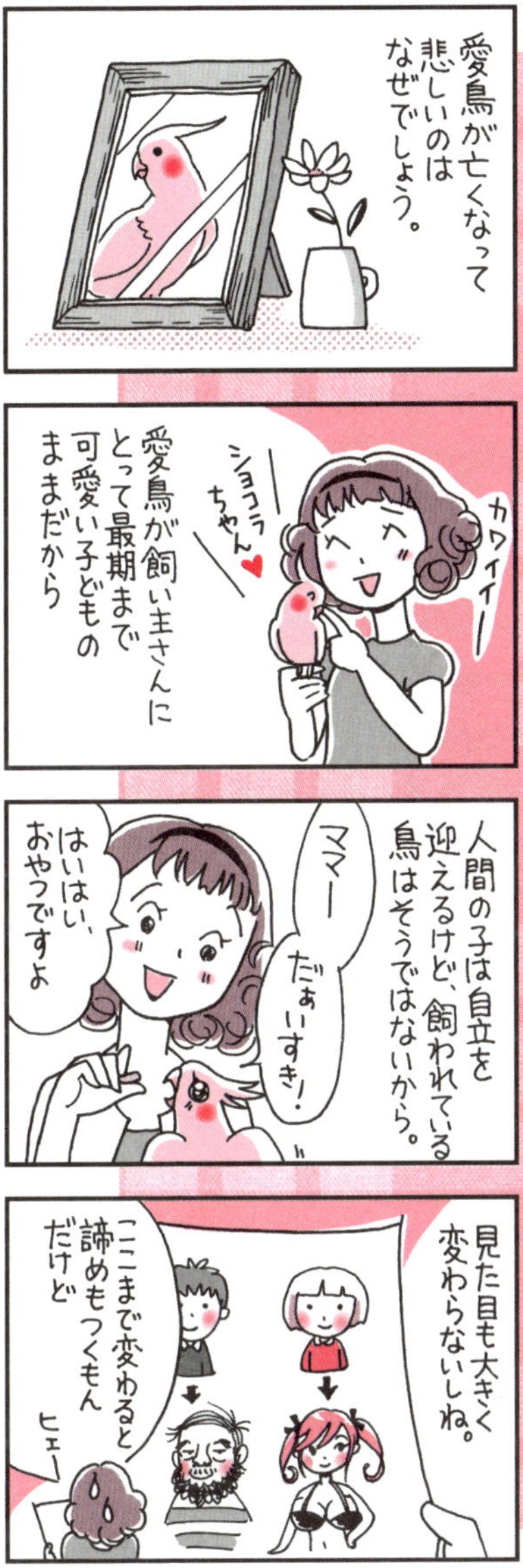

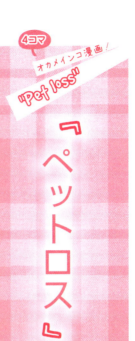

幸せの黄色いオカメインコ
小さなオカメインコとの出会いは私が中学一年生の頃のことでした。
塾に向かう車の前に突然、飛び出してきたのです。
出会い
・・・そういえばイトコのユキちゃん来月結婚ですって
へーそーなんだ・・・
キキキイーーーッ!!

どうしたの
お母さん？
黄色い
鳥が飛んで
きたのよ
え？
鳥なんか
どこにもいないよ
あっ！
黄色い
インコ…
かわいい
お母さん
どうする？
逃げて
きたのかな？
飼い主もいない
みたいだし…
困った
わね…

お前は
どこから
来たの？
おいで
しょうが
ないわね
飼い主さんが
見つかるまでの
間だけよ
名前は
クリスなんて
どう？
男の子なら
クリストファー、
女の子なら
クリスティーヌ！
？
いって
きまーす！

Pet Shop
ハロー
オカメインコでしたらエサはこれですね〜
大きいインコさんだからカゴも大きいのをね！
Pet shop
ハロー
お帰り
インコは大丈夫？
うん、疲れているみたい
エサを食べてよく寝てたわよ
かわいいね

リニック
オカメインコにしてはからだが小さいですそれにずいぶん衰弱しています
カラスにでも追われたのかな
お薬を出しますしっかり保温して、ゆっくり休ませてあげてください
たいへんな目にあっていたのね
クリス…私たちに助けを求めてきたのかも…

私たちは警察に届け出をし、迷い鳥の貼り紙をしたりして飼い主を捜しました。
迷い鳥
迷い鳥
●月×日、17時頃
○○公園前の道で保護しました。お心当たりの方は連絡ください。
080-XXX-XXXX
ええ、迷い鳥なんですけど…
それから3ヵ月が経ち…
ママー、誠文警察から電話！
…ということでその小鳥はそのまま飼い続けて頂ければこちらとしても幸いです
わかりましたありがとうございます
保管期限が過ぎても飼い主は現れず、晴れて我が家の一員となりました。

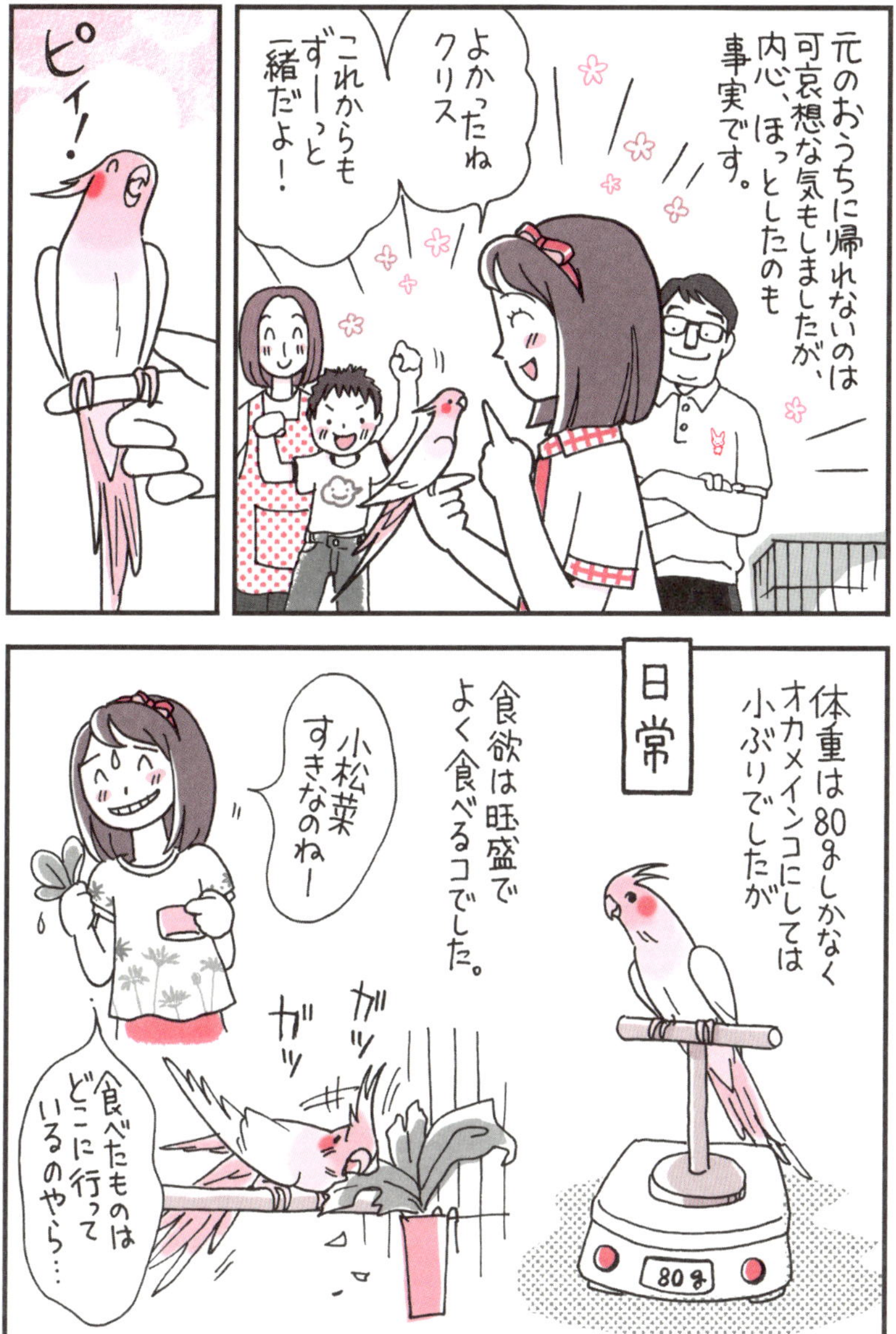
元のおうちに帰れないのは可哀想な気もしましたが、内心、ほっとしたのも事実です。
よかったね クリス
これからもずーっと一緒だよ！
ピイ！
日常
体重は80gしかなくオカメインコにしては小ぶりでしたが
食欲は旺盛でよく食べるコでした。
小松菜すきなのねー
ガツ
ガツ
食べたものはどこに行っているのやら…
80g

はとぽっぽを
口笛で教えたら
すぐに覚えました。
ぽっぽっぽー
ぽっぽっぽー
はとぽっぽー
そうそう
その調子！
ぽっぽっぽー
うちのコになってから
一年近く経った頃のこと。
驚くべきことがありました。
突然、クリスが
しゃべりだしたのです。
スの家
ただいま
クリス！
メリーチャン
メリーチャン
メリーチャン
ダヨ！

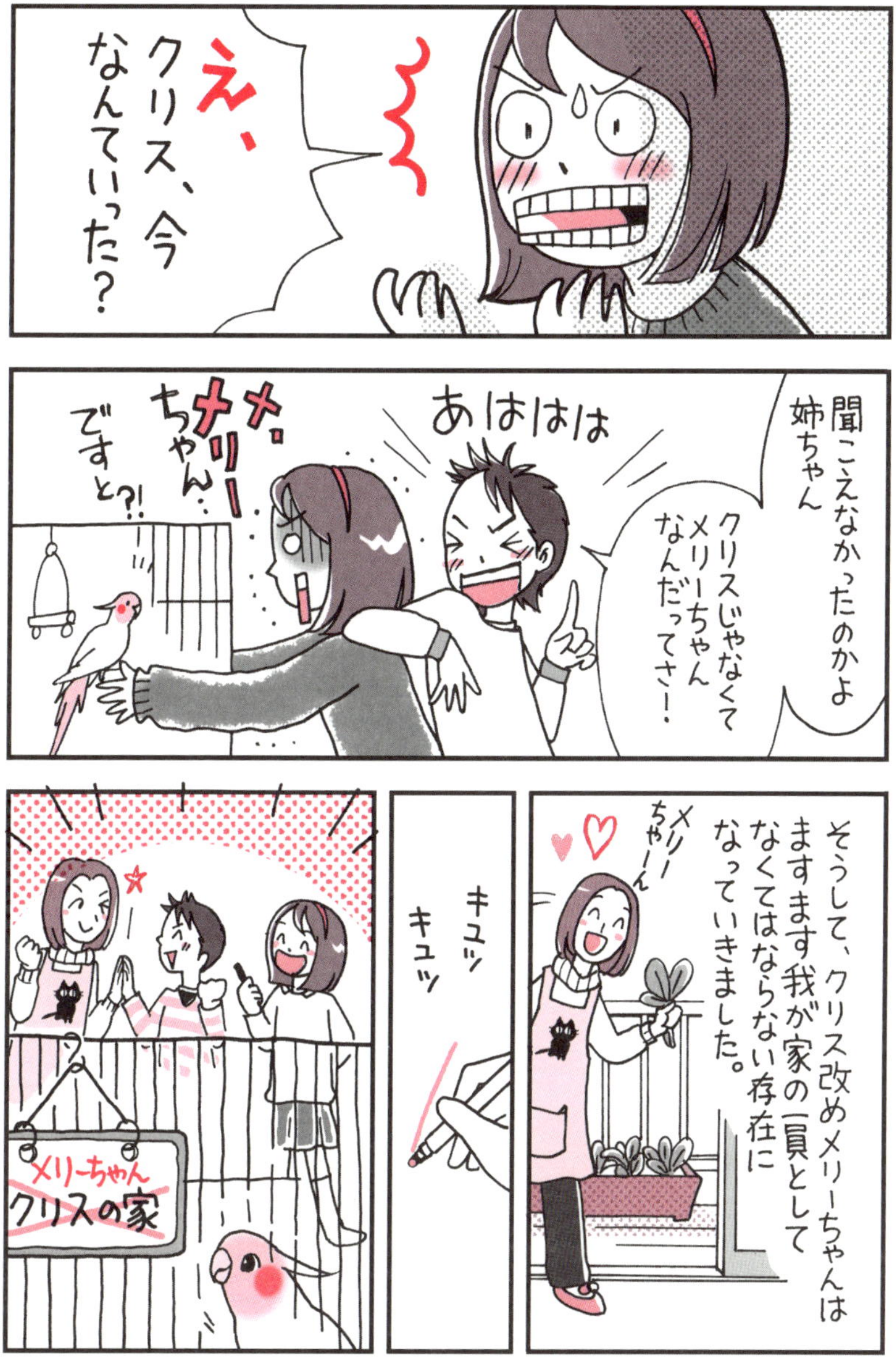
え〜〜〜
クリス、今
なんていった？
聞こえなかったのかよ
姉ちゃん
クリスじゃなくて
メリーちゃん
なんだってさー！
あははは
メス。
メリーちゃん…
ですと？！
そうして、クリス改めメリーちゃんは
ますます我が家の一員として
なくてはならない存在に
なっていきました。
メリーちゃーん
キュッ
キュッ
メリーちゃん
クリスの家

引っ越し
就職が決まり、ひとり暮らしをすることになった時も、
歳月は流れ
おめでとう！
メリーが一緒だったからちっとも寂しくはありませんでした。
さ、
いこう
戸締りや火の元には充分気を付けるのよ
辛くなったらいつでも帰っておいで
その時はメリーも忘れずにな

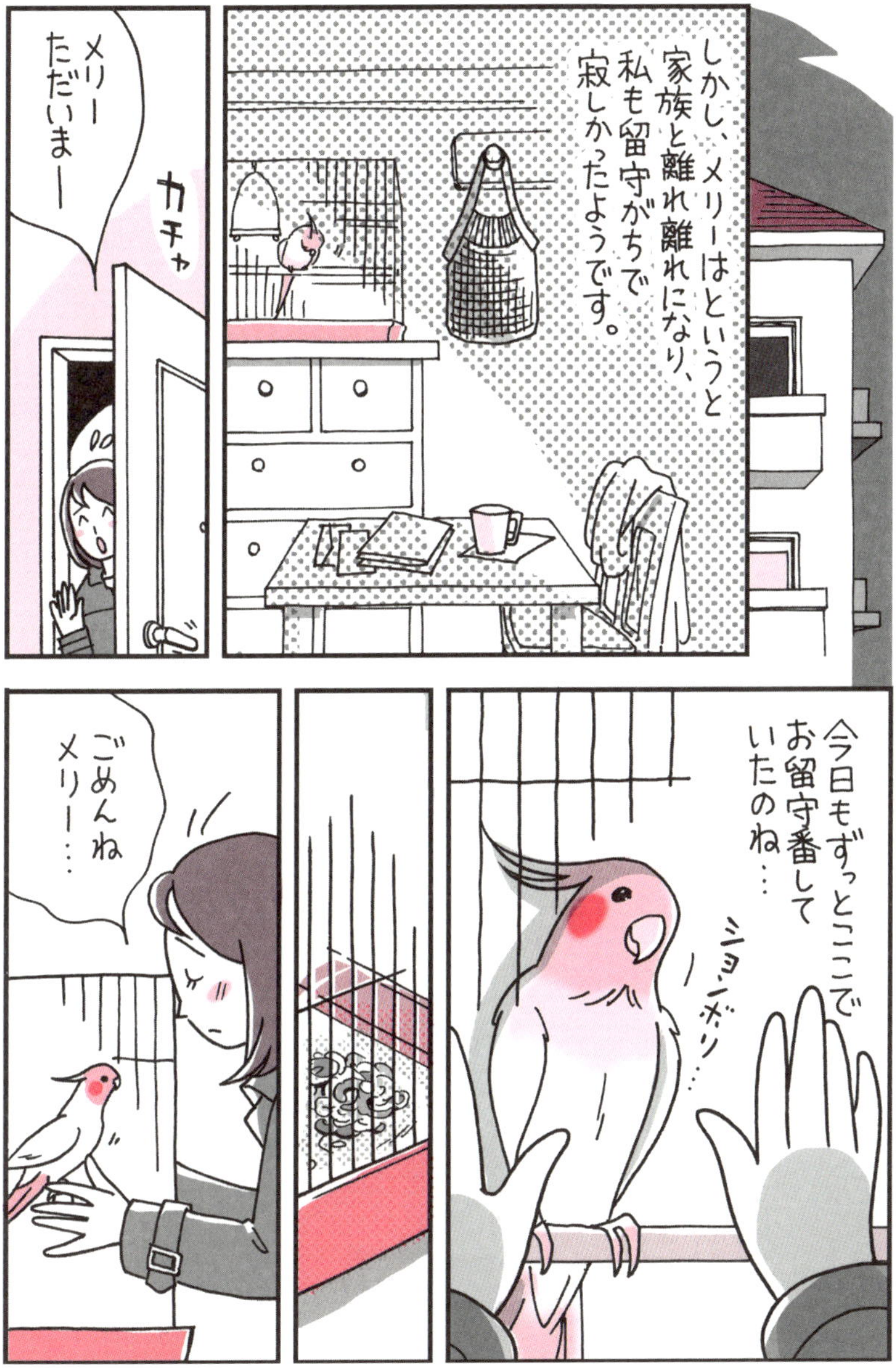
しかし、メリーはというと
家族と離れ離れになり、
私も留守がちで
寂しかったようです。
カチャ
メリーー
ただいまーー
今日もずっとここで
お留守番して
いたのね…
ションボリ…
ごめんね
メリーー…

ルームメイトのお迎え
そこでメリーの話し相手になればと思い、もう一羽オカメをお迎えすることにしました。
ただいまー
お友達をお迎えしたよ！メリー
ヒナにしては大きなコでしょう？
ピャー
名前はオードリー
今日からよろしくね
ピャーピャー
オードリーちゃーん！
会いたかったよメリーちゃん

メリーとオードリーのおかげでインコ仲間も増えて、充実した毎日でした。
レアものよー
コレ、ほしかったのーっ
ウレシイ！！
お迎えから十数年経ったある日
あれっ？
メリーのお腹…
腫れてるかも…？
闘病
受診したところ、腫瘍ができていました。
検査の結果、手術で取り除くことのできる場所ではないようです
えっ…じゃあメリーは…
少しでも楽に長く生きられるよう、生活を工夫していきましょう
ゴメン、メリー
私がもっと早く異変に気づいてあげられれば…

メリーのからだは日に日に弱っていきました。
体重、また減っちゃったねメリー
メリーの腫瘍は大きくなり、食欲も落ちて寝ている時間も、長くなっていきました。
アソボーアソボー
オードリーごめんね
メリーのことそっとしておいてあげようね

先生…
別れ
目の前で衰弱していくメリーに何もしてやれないのは辛いことでした。
あんなに食べるのが大好きだったメリーが、ほとんど食べてくれないんです
べそべそ
もう、止まり木にも止まれないんです
なのに何もしてやれないなんて…
メリーちゃんも小さいからだで精いっぱい生きています
飼い主さんが不安でいると
メリーちゃんも不安になってしまいますよ

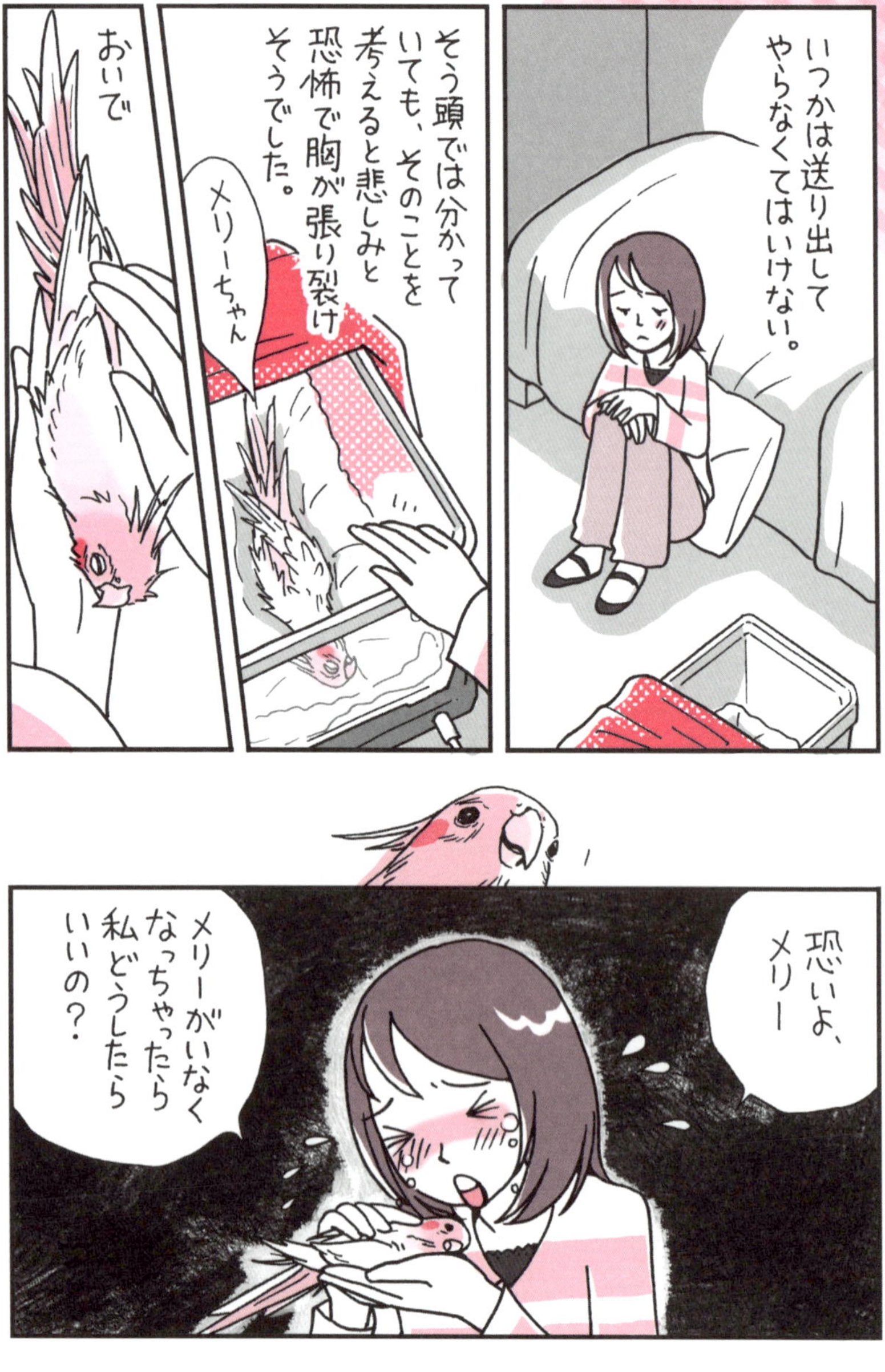
いつかは送り出してやらなくてはいけない。
そう頭では分かっていても、そのことを考えると悲しみと恐怖で胸が張り裂けそうでした。
メリーちゃん
おいで
恐いよ、メリー
メリーがいなくなっちゃったら私どうしたらいいの？

最後の日のことは忘れません。
日向ぼっこと水浴びが大好きだったね、メリー
はじめてのひとり暮らしもメリーがいてくれたから、ちっとも寂しくなかった
ナリーー
だよーちゃーさ…て
オードリーのこと、
お母さんみたいに優しく面倒をみてくれてありがとう

朝日が昇る頃、
メリーはピィと鳴いて
天へと旅立ちました。
最期にメリーが大好きだった日向ぼっこ、させてあげたかったな…
まぶしー！
迷い鳥としてやってきたメリー。
正確な年齢は分かりませんが、家にきて15年。
寿命だったと考えることにしました。

メリーからの贈り物
メリーのおかげで友だちも増え、人の心のあたたかさを知ることもできました。
メリーちゃん、残念だったね
幸せだったよ、メリーちゃん
メリーちゃんも飼い主さんも最期までよく頑張りましたね
オードリーもいろいろありがとね

もし
あの世という
ものがあるなら、
食べることが
大好きだったメリーが
美味しいものに
囲まれて
幸せに暮らせ
ますように。
私にたくさんの
幸せを運んでくれた
黄色いオカメインコ。
メリーのこと、
決して忘れないよ。

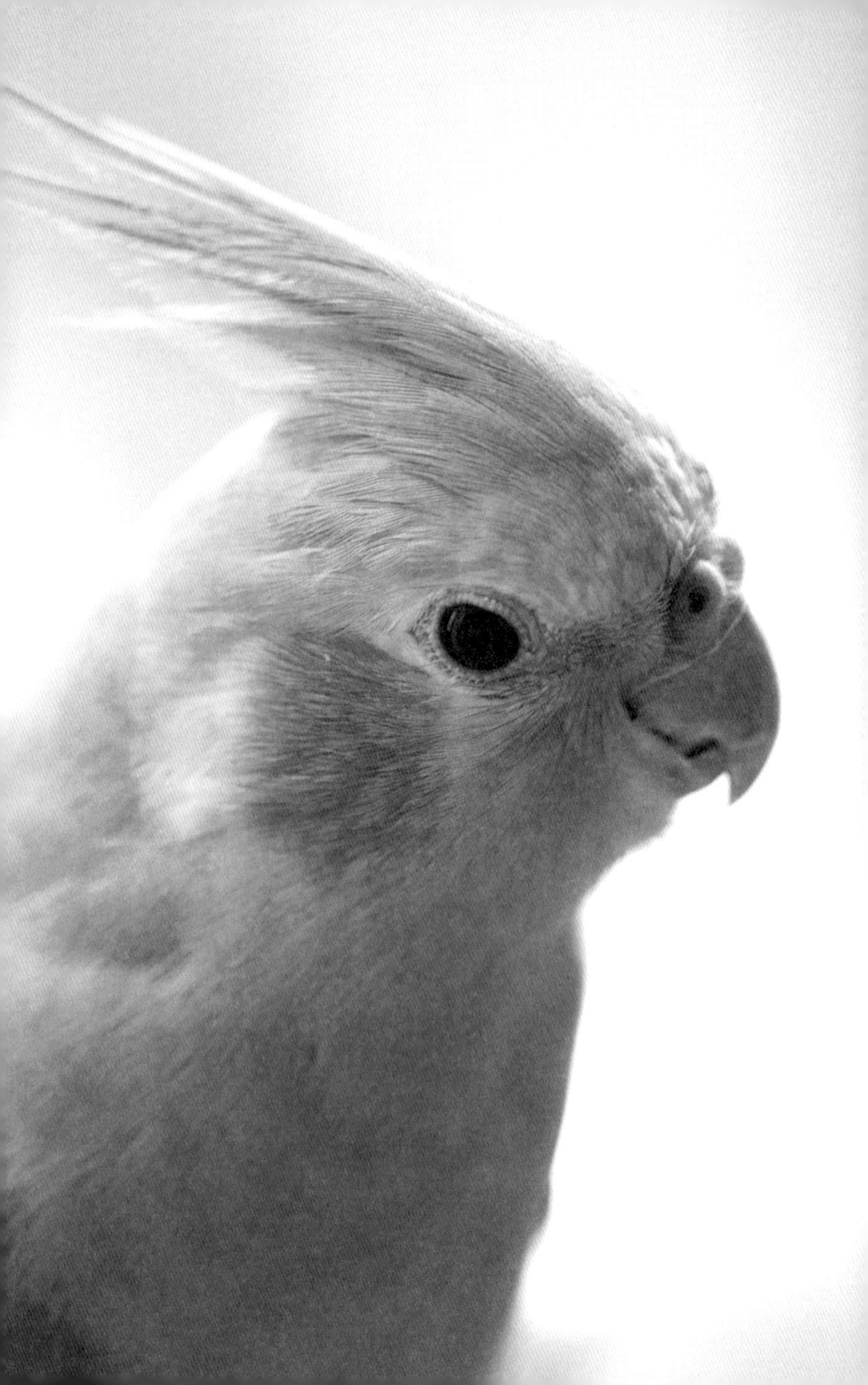

Special thanks

The Life With Cockatiels

画像協力（順不同／敬省略）

おさp
森近 百合子
森内 とよ子
谷垣 美恵
播磨 麻有
スカイ
reimama
tenten
カメペコ
るんるん
ろざんな
しまっち

モデルになってくれたオカメインコたち

pi-jan
パイン
ぷくる
ひな&みる
カメゴロウ
あずき
もも
元気&まあちゃん
カメ
ハニー
ケロロ課長
ほあん
ちぃ
ピー太
ポポ
ピーチ
レッドアイ
ティラミス
シフォン
ルシアン
ミスティ
タルト
ヴァニラ
ショコラ
スノーボール
ひまわり
ミモ

協力者

ピッコリ・アニマーリ
http://www.piccoli-animali.com/

ドキドキペットくん
http://www.dk2p.jp/

べるかーじぇ
http://bellecage.com/

ひーママさん
http://yellowflower2.blog25.fc2.com/

永島 結衣
三塚 由美子

Bibliography

The Life With COCKTAILS

参考文献

『コンパニオンバードの病気百科』

小嶋篤史 著／／誠文堂新光社刊

『インコとオウムの行動学』

Andrew U.Luescher 著
入交眞巳／笹野聡美 監訳／／文永堂出版刊

Stuff

The Life With COCKTAILS

著者

すずき 莉萌

Suzuki Marimo

ヤマザキ動物専門学校非常勤講師（鳥類学）
１級愛玩動物飼養管理士
早稲田大学人間科学部卒

インコたちの愛情の深さに魅せられて早40余年。自然にも動物にも優しい暮らしを模索中。著書に『小動物 飼い方上手になれる インコ』。『パーフェクトペットオーナーズガイド オカメインコ完全飼育』、『やさしくわかるジュウシマツの育てかた』、『漫画で楽しむ！だからやめられない インコ生活』（誠文堂新光社刊）他、著書多数。

イラスト・漫画

大平 いづみ

Ohira Izumi

浅草生まれのイラストレーター。子供の頃より動物に囲まれた生活を送る。現在のペットはモルモットのモップとステップレミングのロミオ。『漫画で楽しむ！だからやめられない インコ生活』『やさしくわかる　ジュウシマツの育てかた』、『ペットオーナーズガイド オカメインコ完全飼育』（全て誠文堂新光社刊）などのイラストを担当。

写真

井川 俊彦

Igawa Toshihiko

東京生まれ。東京写真専門学校報道写真科卒業後、フリーカメラマンとなる。１級愛玩動物飼養管理士。

犬や猫、うさぎ、ハムスター、小鳥などのコンパニオンアニマルを撮りはじめて25年以上。『新 うさぎの品種大図鑑』、『小動物☆飼い方上手になれる ハリネズミ』、『ザ・ネズミ』（誠文堂新光社刊）他多数。

著　　　：すずき莉萌
イラスト：大平いづみ
写　真　：井川俊彦
デザイン：茂手木将人（STUDIO 9）
校　正　：洲鎌由美子

漫画《まんが》で楽《たの》しむ だからやめられない！ オカメインコ生活《せいかつ》

NDC489.47

2016年8月15日　発　行

著　者　すずき莉萌《まりも》
発行者　小川雄一
発行所　株式会社 誠文堂新光社
〒113-0033　東京都文京区本郷3-3-11
（編集）電話　03-5800-5776
（販売）電話　03-5800-5780
http://www.seibundo-shinkosha.net/
印刷所　株式会社 大熊整美堂
製本所　和光堂 株式会社

ISBN978-4-416-71536-9